Este libro pertenece a:

_____

_____

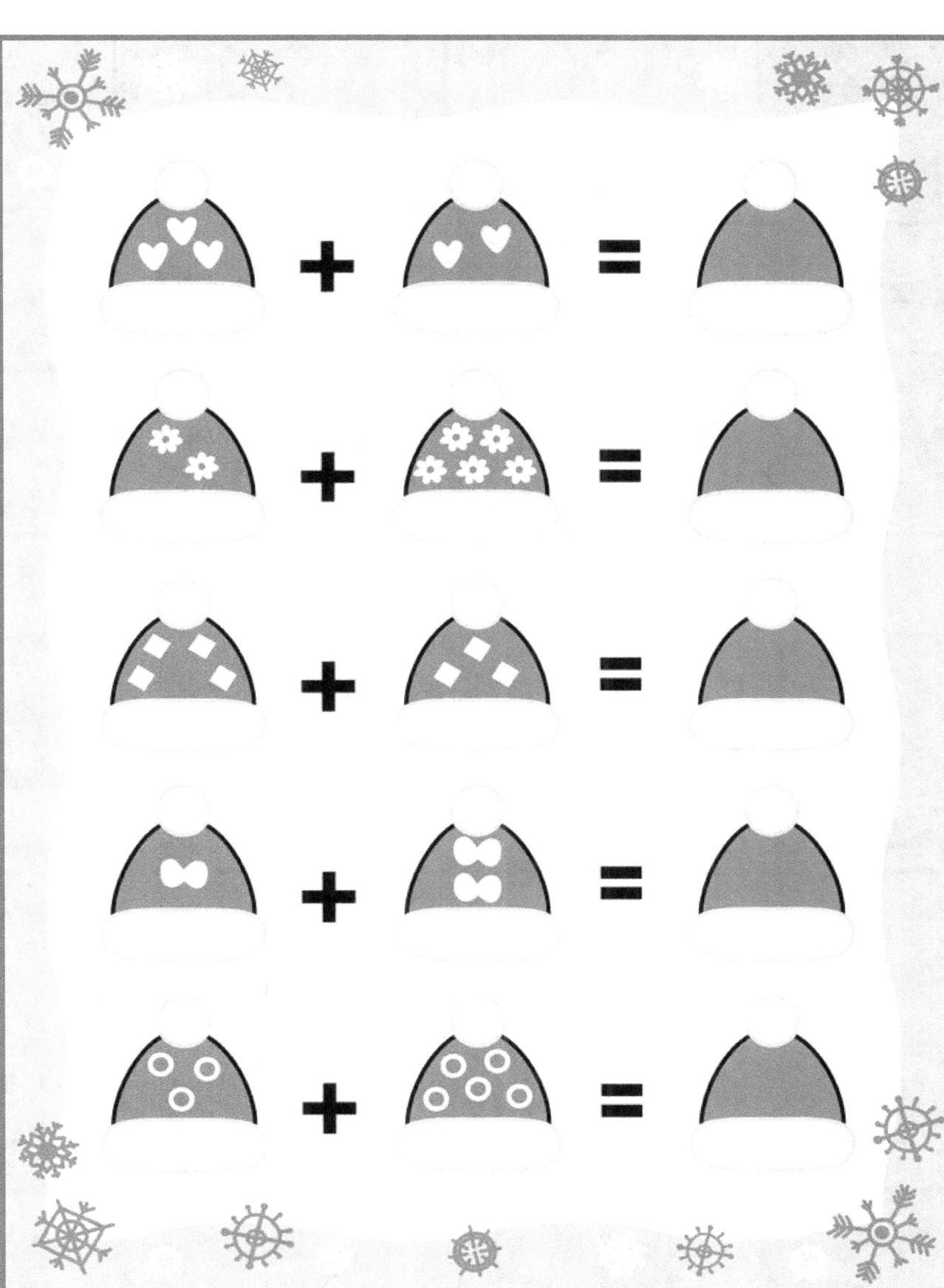

1

Nombre::.......... Años:......... Punto....../ 18

Hora::............ 🍓 + 🍓 = ...

```
   2        4        5        1        4        7
+  7     +  6     +  3     +  6     + 2      +  6
____    ____    ____    ____    ____    ____


   7        1        8        2        9        4
+  4     +  3     +  4     +  9     +  0     +  4
____    ____    ____    ____    ____    ____


   6        5        2        0        1        5
+  3     +  6     +  8     +  6     +  7     +  7
____    ____    ____    ____    ____    ____
```

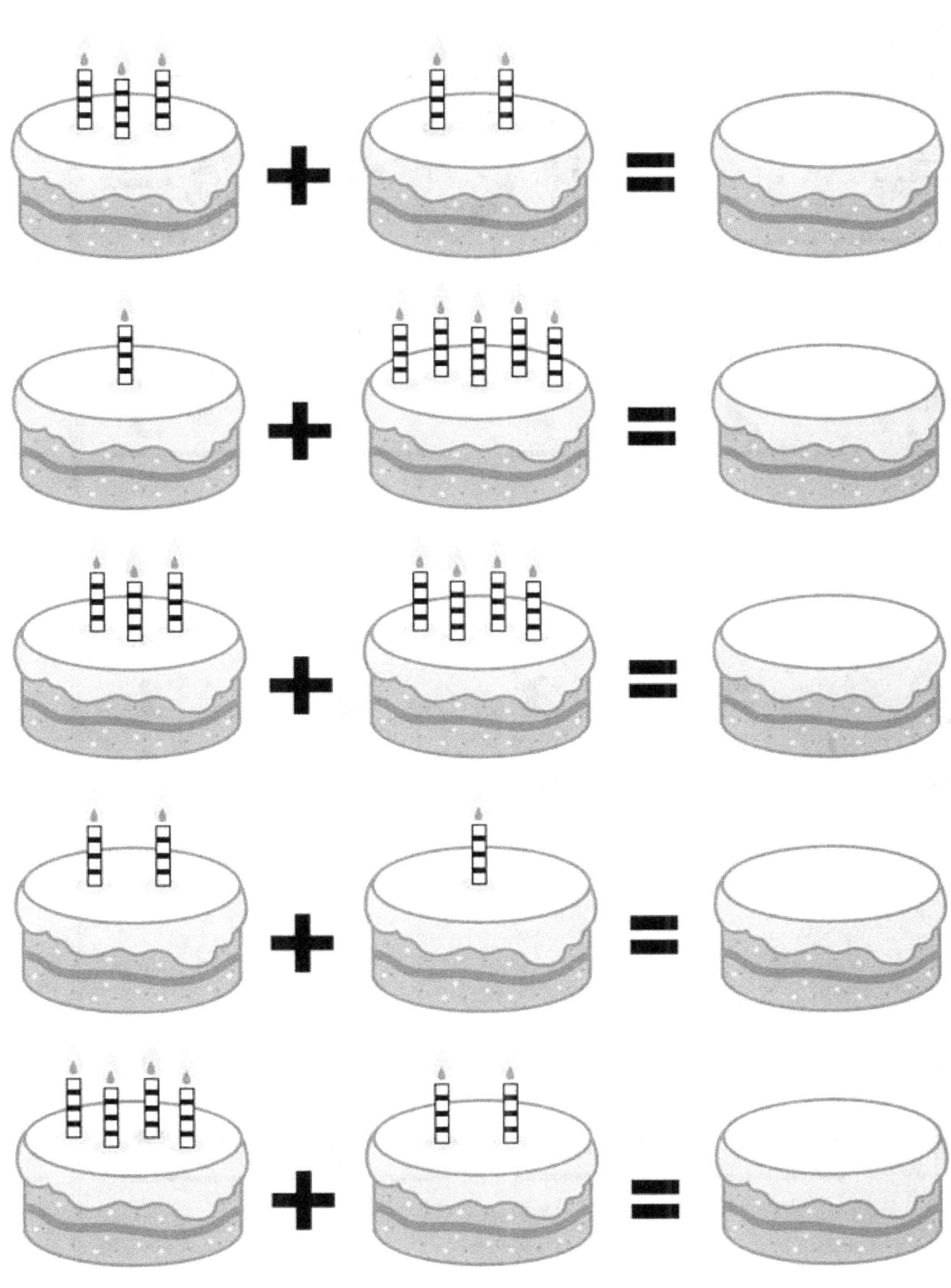

2

Nombre:: .... **Años:** ...... **Punto...... /18**

Hora: ....   🍓 + 🍓 = ...

```
  4      6      9      7      2      3
+ 0    + 2    + 4    + 3    + 3    + 3
___    ___    ___    ___    ___    ___


  6      4      3      7      1      2
+ 8    + 9    + 5    + 0    + 1    + 6
___    ___    ___    ___    ___    ___


  2      6      9      1      4      4
+ 4    + 7    + 9    + 8    + 3    + 1
___    ___    ___    ___    ___    ___
```

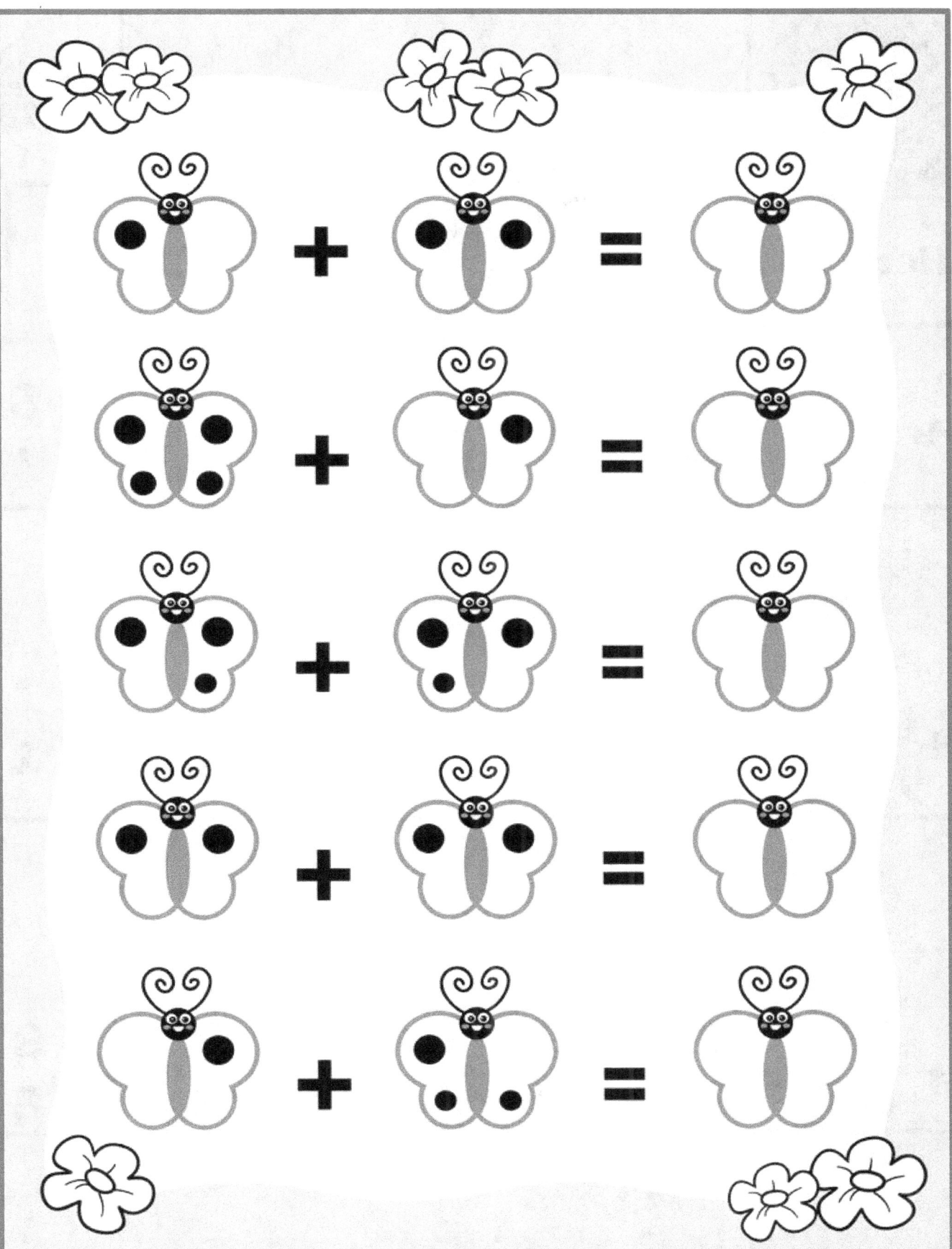

3

Nombre: .... Años: ...... Punto...... /18

Hora: ....   🍓 + 🍓 = ...

```
  4      8      1      7      5      9
+ 6    + 7    + 1    + 2    + 5    + 1
___    ___    ___    ___    ___    ___


  6      2      3      7      2      7
+ 0    + 3    + 8    + 7    + 4    + 1
___    ___    ___    ___    ___    ___


  5      1      9      4      7      9
+ 6    + 6    + 3    + 1    + 5    + 8
___    ___    ___    ___    ___    ___
```

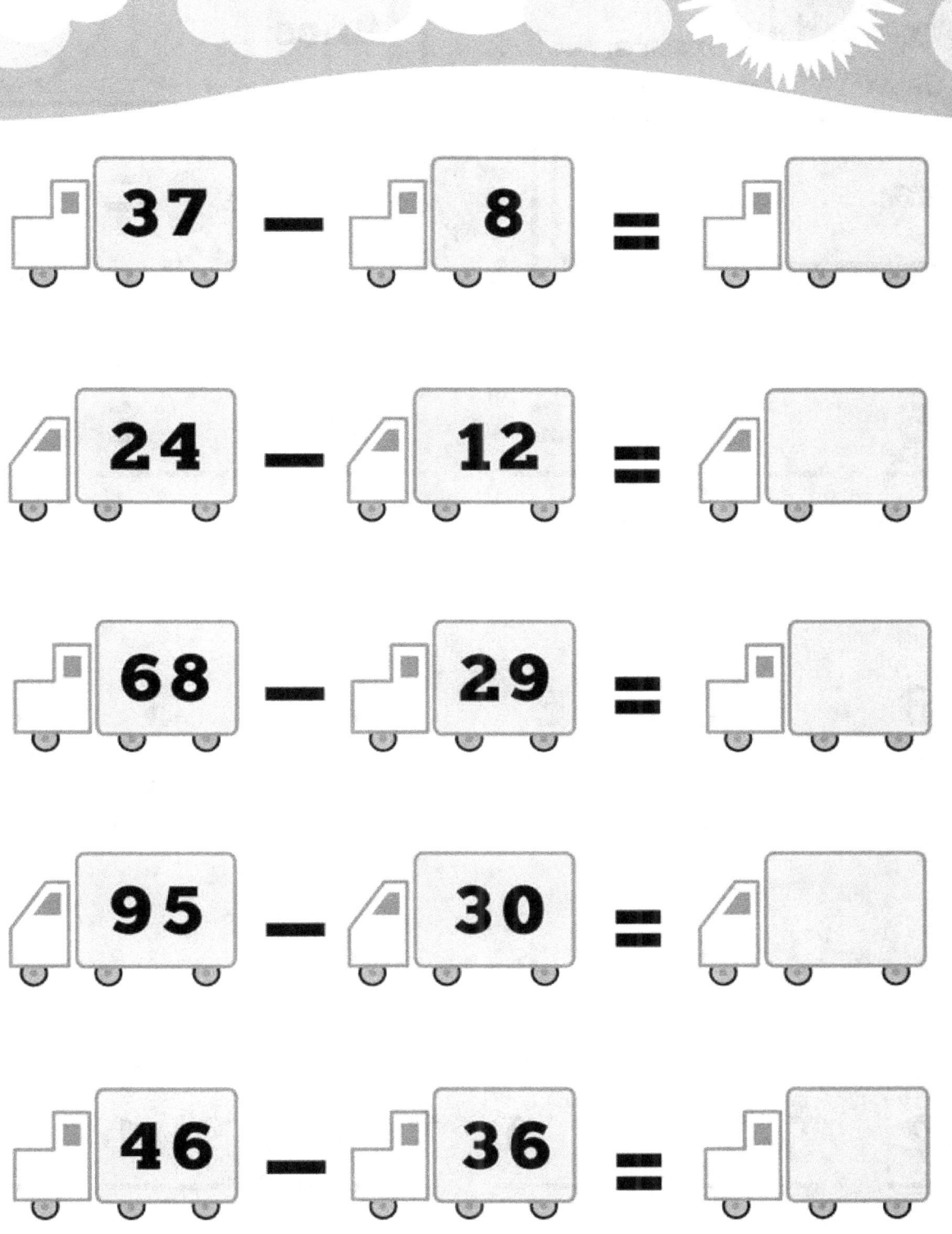

4

Nombre: ....

Años: ......

Punto...... /18

Hora:............

🍓 + 🍓 = ...

+ 1 5	+ 2 3	+ 8 2	+ 6 3	+ 2 2	+ 7 4

+ 6 7	+ 0 8	+ 6 6	+ 4 5	+ 3 5	+ 7 7

+ 3 2	+ 9 4	+ 5 0	+ 8 2	+ 8 1	+ 3 6

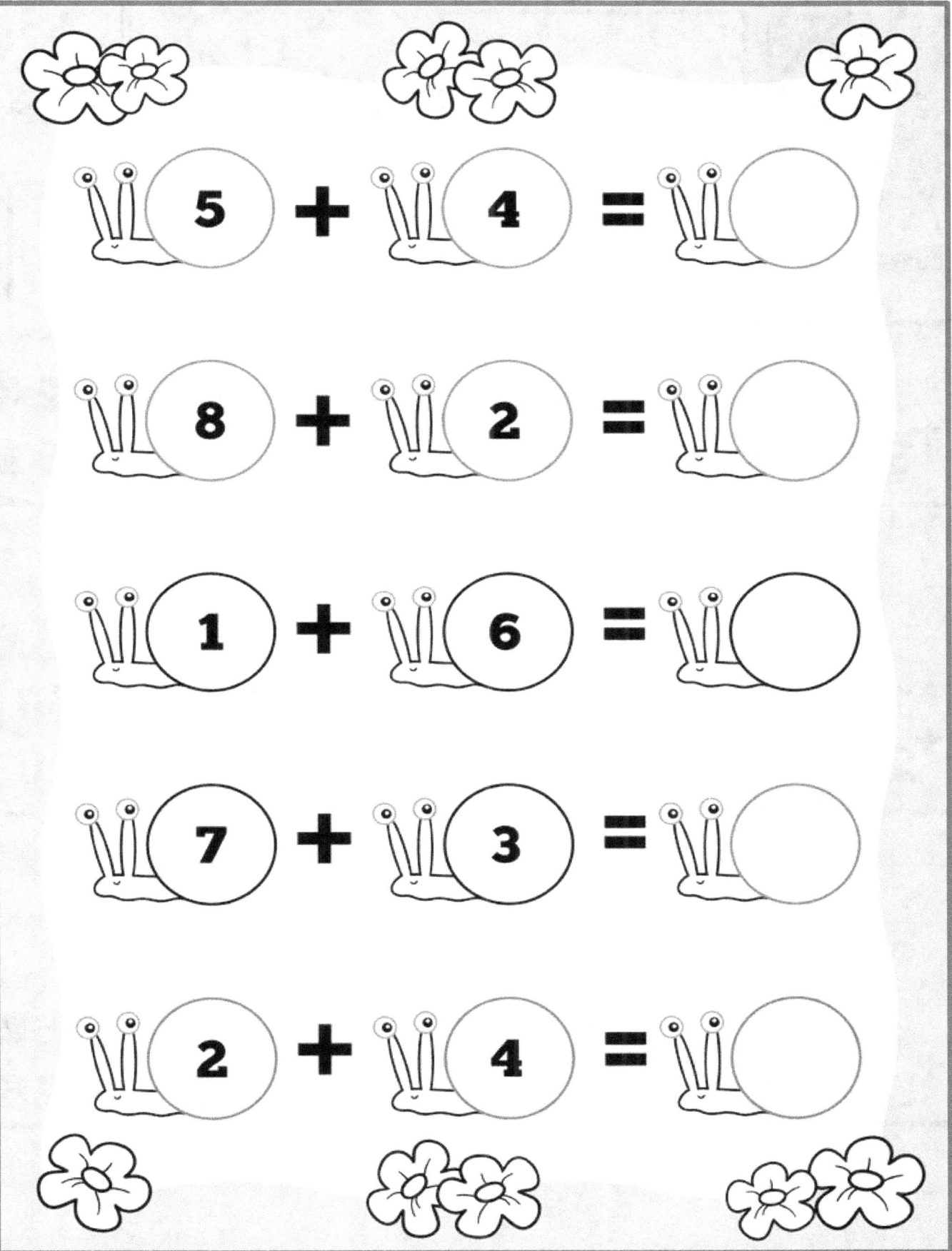

5

Nombre: ....

Años: ......

Punto...... /18

Hora: ....

🍓 + 🍓 = ...

```
  15      47      23      58      19      24
+ 35    + 13    + 47    + 20    + 44    + 91
————    ————    ————    ————    ————    ————


  11      57      59      41      61      54
+ 22    + 24    + 02    + 28    + 75    + 10
————    ————    ————    ————    ————    ————


  64      02      43      71      94      67
+ 52    + 17    + 20    + 36    + 54    + 25
————    ————    ————    ————    ————    ————
```

6

Nombre:.......... **Años:**........ **Punto**...... /18

Hora:............

🍓 + 🍓 = ...

```
  12      80      33      62      34      64
+ 71    + 65    + 41    + 90    + 12    + 58
____    ____    ____    ____    ____    ____


  45      29      67      19      65      22
+ 21    + 01    + 25    + 52    + 71    + 21
____    ____    ____    ____    ____    ____


  36      11      02      69      71      36
+ 65    + 36    + 12    + 44    + 22    + 12
____    ____    ____    ____    ____    ____
```

7

Nombre:.......... Años:...... Punto....../18

Hora:............

🍓 + 🍓 = ...

+84 38	+93 19	+85 39	+09 36	+85 25	+69 01

+25 22	+35 21	+88 17	+83 69	+64 09	+96 01

+24 35	+19 20	+30 45	+58 61	+93 12	+33 58

8

Nombre: .... Años: ...... Punto....../18

Hora: .... 🍓 + 🍓 = ...

36	21	54	25	66	11
+30	+11	+33	+20	+11	+12

14	62	55	44	85	73
+22	+11	+23	+65	+52	+39

54	54	65	96	98	21
+10	+21	+33	+55	+02	+92

9

Nombre: ....
Años: ......
Punto...... /18

Hora: ....

🍓 + 🍓 = ...

+23 44	+66 23	+25 98	+87 96	+21 36	+21 32
+54 55	30 +31	+54 25	+87 65	+41 65	+54 21
54 +14	20 +32	41 +31	65 +63	14 +14	63 +21

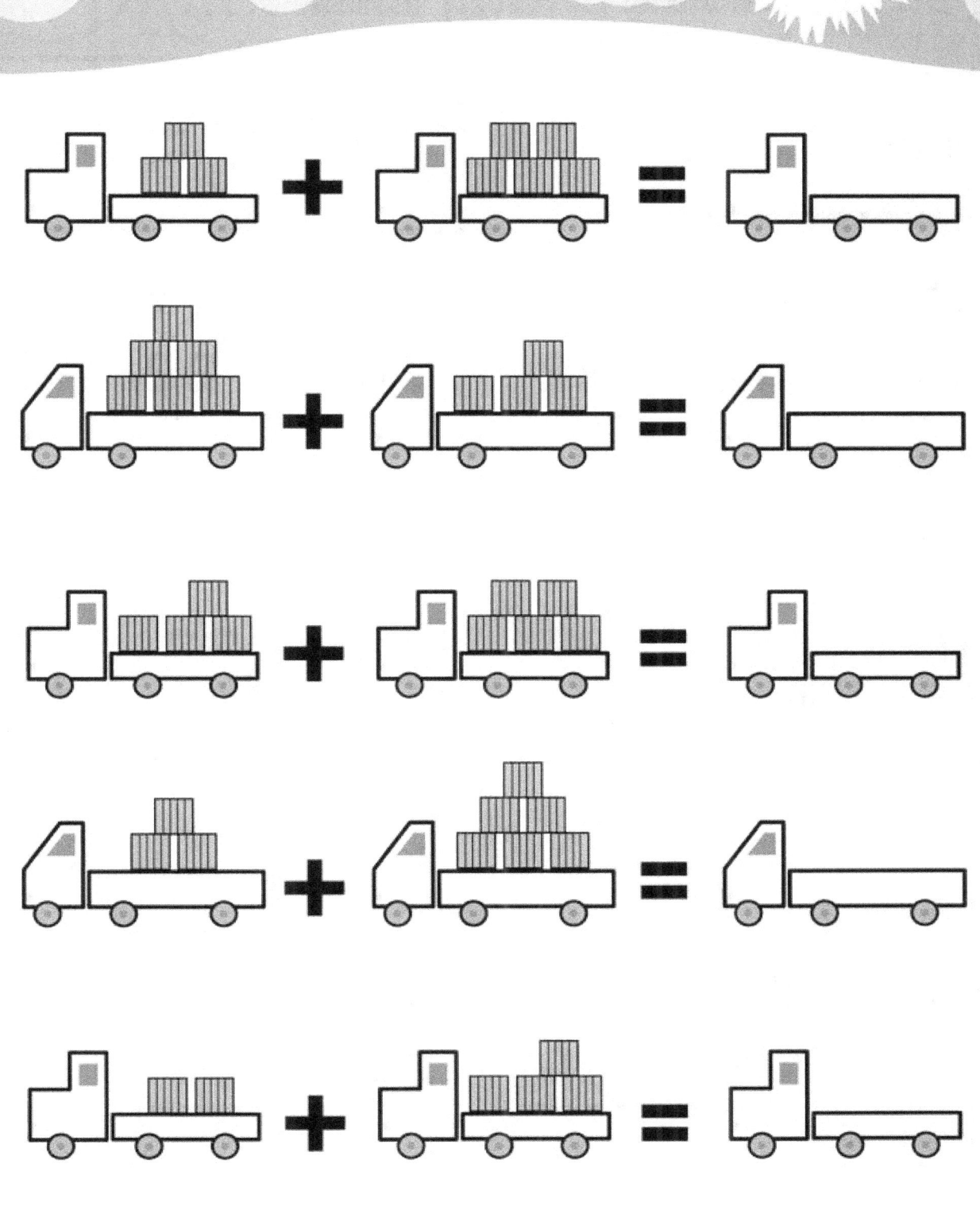

10

Nombre:.......... **Años:**........ **Punto....../18**

Hora:............

🍓 + 🍓 = ...

| +30 | +63 | +42 | +87 | +14 | +11 |
| 19 | 02 | 22 | 22 | 98 | 36 |

| +45 | 68 | +87 | 64 | 33 | 54 |
| 82 | +25 | 41 | +38 | +52 | +21 |

| 44 | 24 | 65 | 63 | 36 | 63 |
| +35 | +41 | +10 | +21 | +35 | +31 |

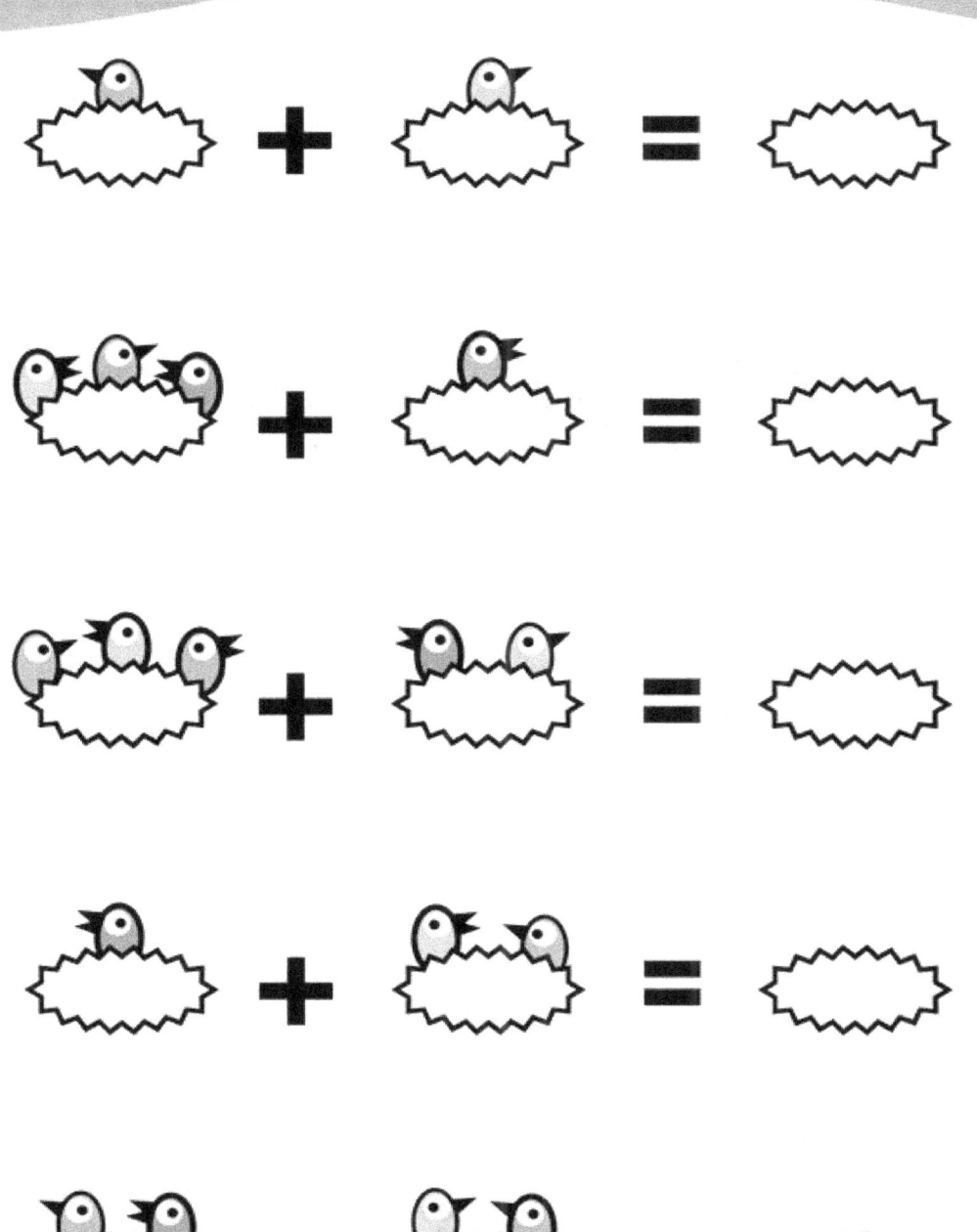

11

Nombre: .... Años: ...... Punto....../18

Hora: .... 🍓 + 🍓 = ...

+55 38	+46 20	+96 82	+57 37	+74 61	+11 62
+17 35	+56 22	+31 32	+66 14	+64 11	+52 33
+13 36	+87 96	+42 22	+27 31	+50 31	+47 30

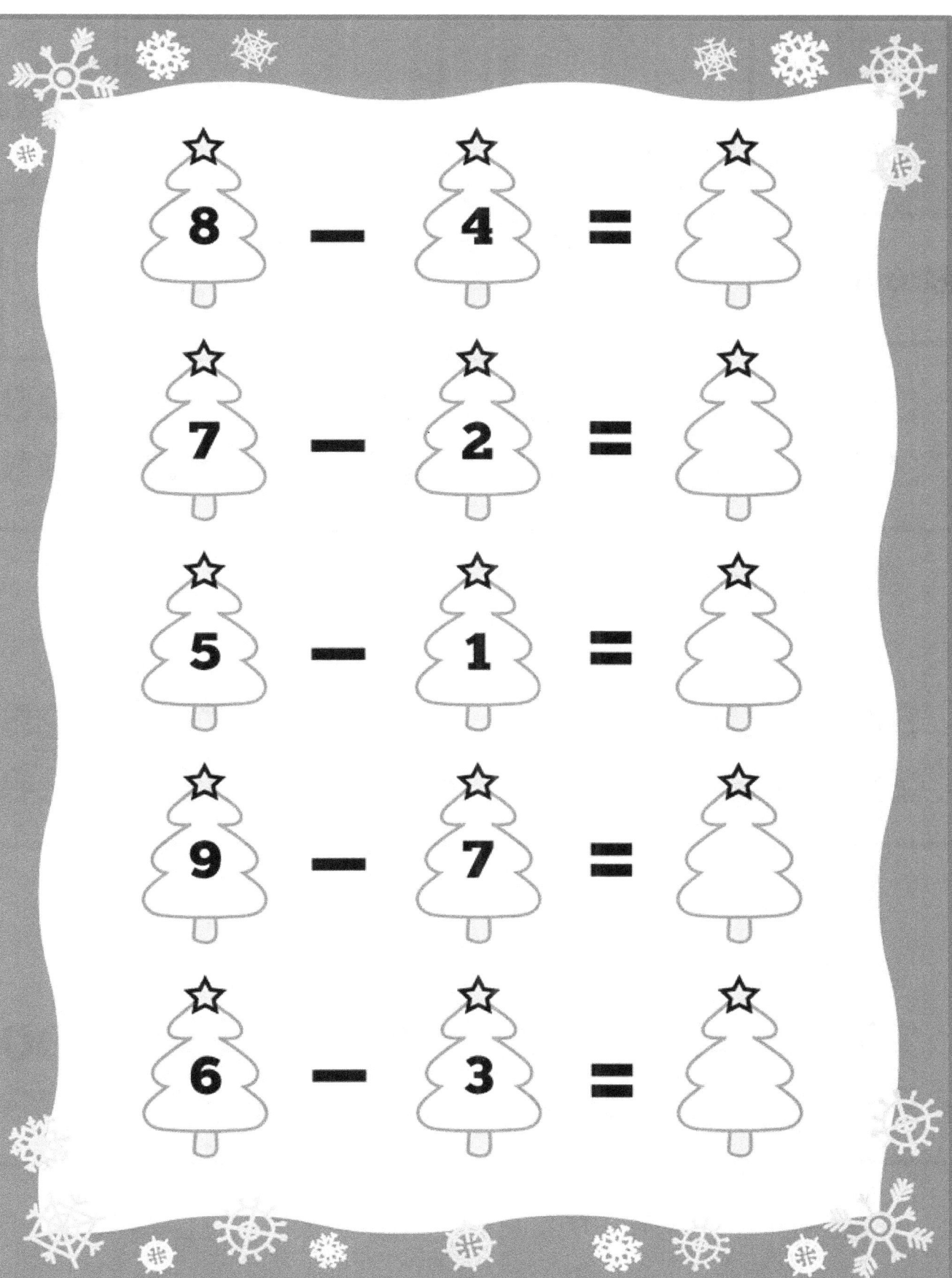

12

Nombre: ....

Años: ......

Punto...... /18

Hora: ....

🍓 + 🍓 = ...

| 09 | 28 | 23 | 41 | 21 | 98 |
|+35 |+24 |+93 |+02 |+23 |+35 |

| 54 | 38 | 41 | 25 | 74 | 25 |
|+25 |+24 |+01 |+53 |+19 |+36 |

| 14 | 30 | 15 | 74 | 22 | 60 |
|+65 |+50 |+98 |+21 |+51 |+33 |

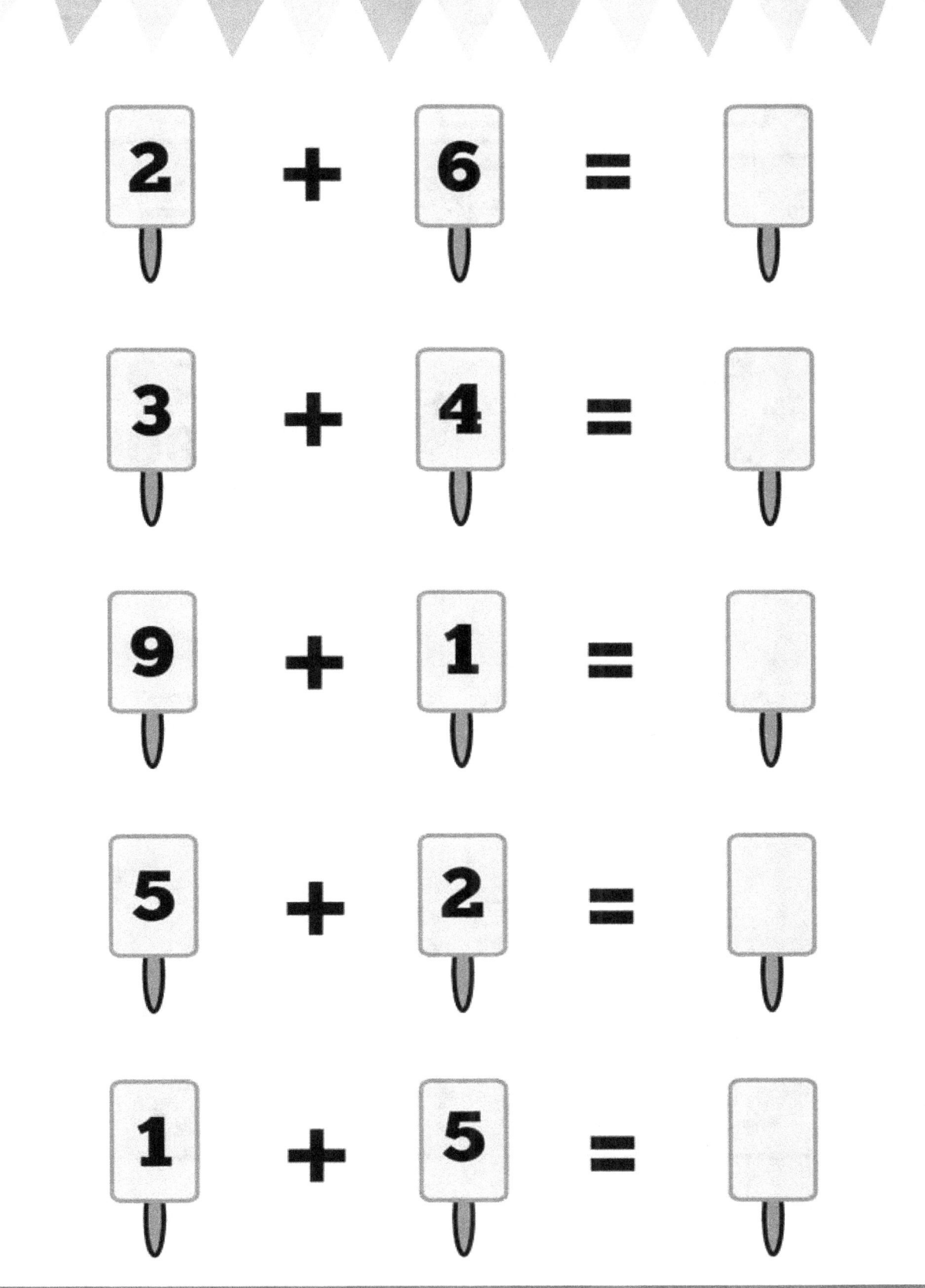

13

Nombre: .... Años: ...... Punto...... /18

Hora: ....

🍓 + 🍓 = ...

+31
  22
	+54
	  14
		+64
		  13
			+91
			  25
				+33
				  90
					+66
					  21

+12
  38
	+28
	  90
		+74
		  01
			+36
			  52
				+77
				  65
					+52
					  16

02 +34	39 +41	31 +94	47 +56	87 +22	17 +20

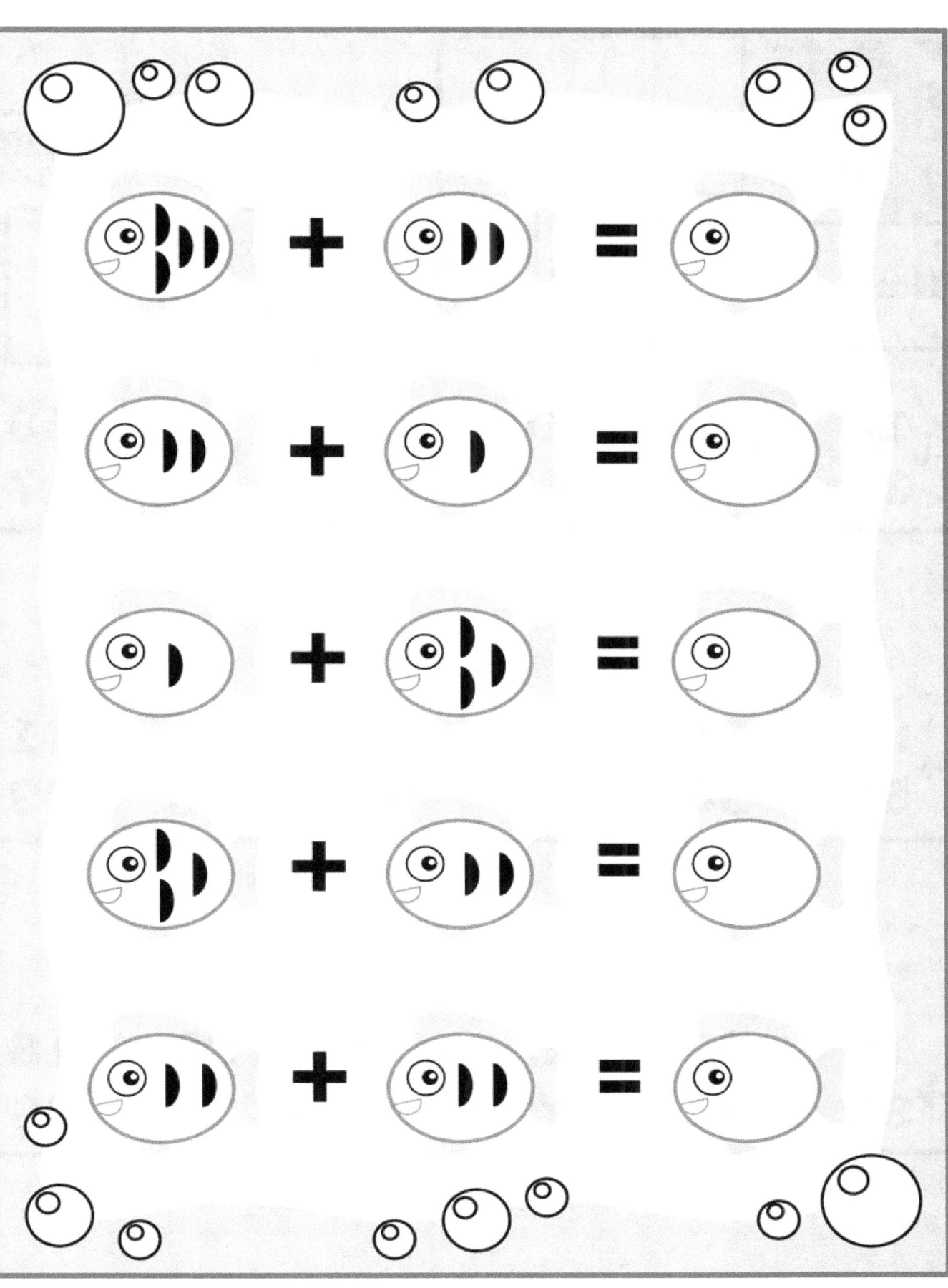

14

Nombre: ....

Años: ......

Punto...... /18

Hora: ....

🍓 + 🍓 = ...

```
  18      32      10      52      24      58
+ 31    + 14    + 68    + 19    + 98    + 17
----    ----    ----    ----    ----    ----

  85      14      47      22      91      41
+ 54    + 36    + 21    + 41    + 33    + 03
----    ----    ----    ----    ----    ----

  11      52      65      17      85      18
+ 38    + 41    + 24    + 02    + 34    + 08
----    ----    ----    ----    ----    ----
```

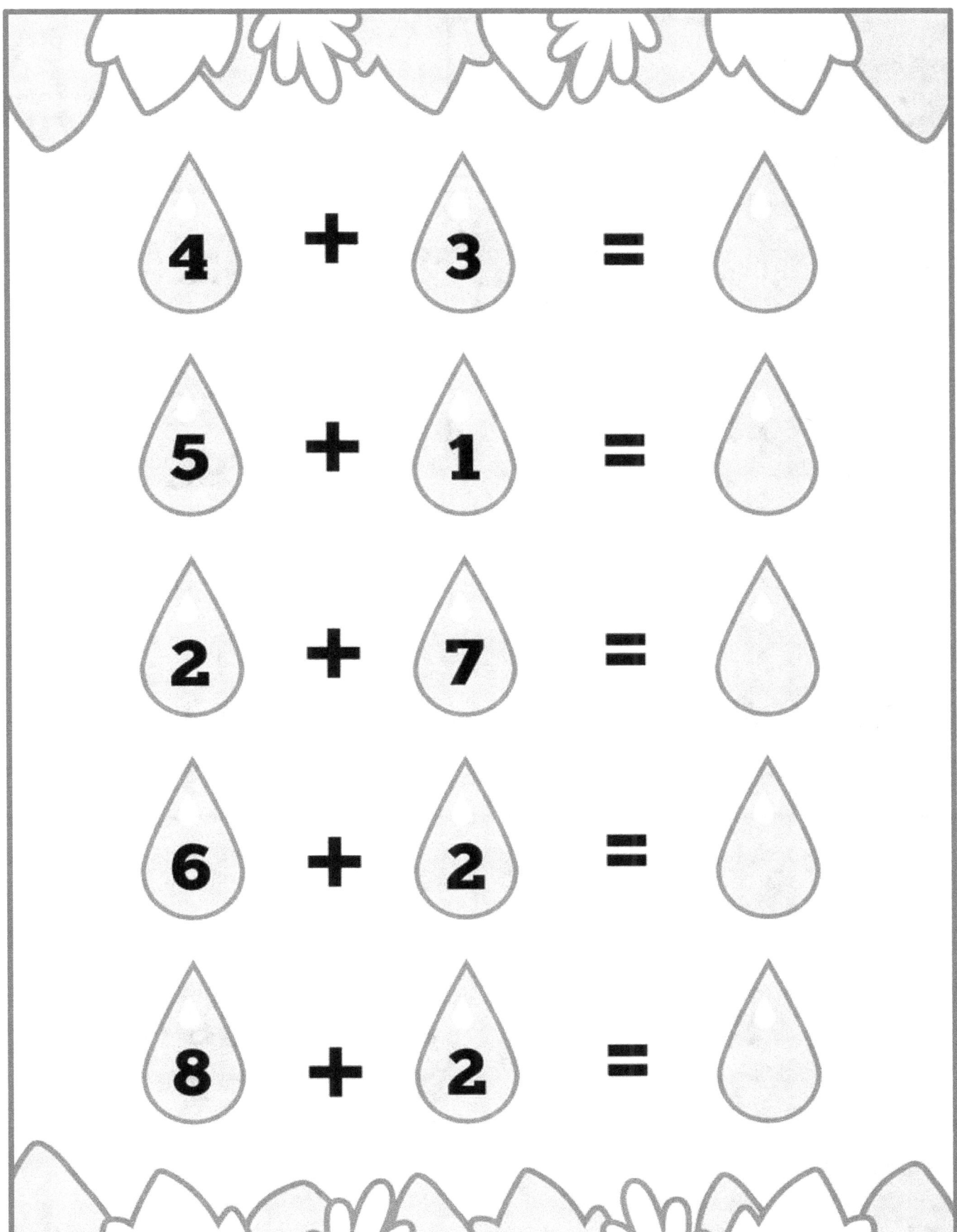

15

Nombre:.......... Años:...... Punto....../18

Hora:............

🍓 + 🍓 = ...

```
  66      32      92      42      46      21
+ 74    + 15    + 35    + 65    + 98    + 01
────    ────    ────    ────    ────    ────


  28      64      85      36      24      34
+ 38    + 24    + 24    + 24    + 39    + 69
────    ────    ────    ────    ────    ────


  16      85      96      71      58      38
+ 36    + 31    + 45    + 93    + 22    + 31
────    ────    ────    ────    ────    ────
```

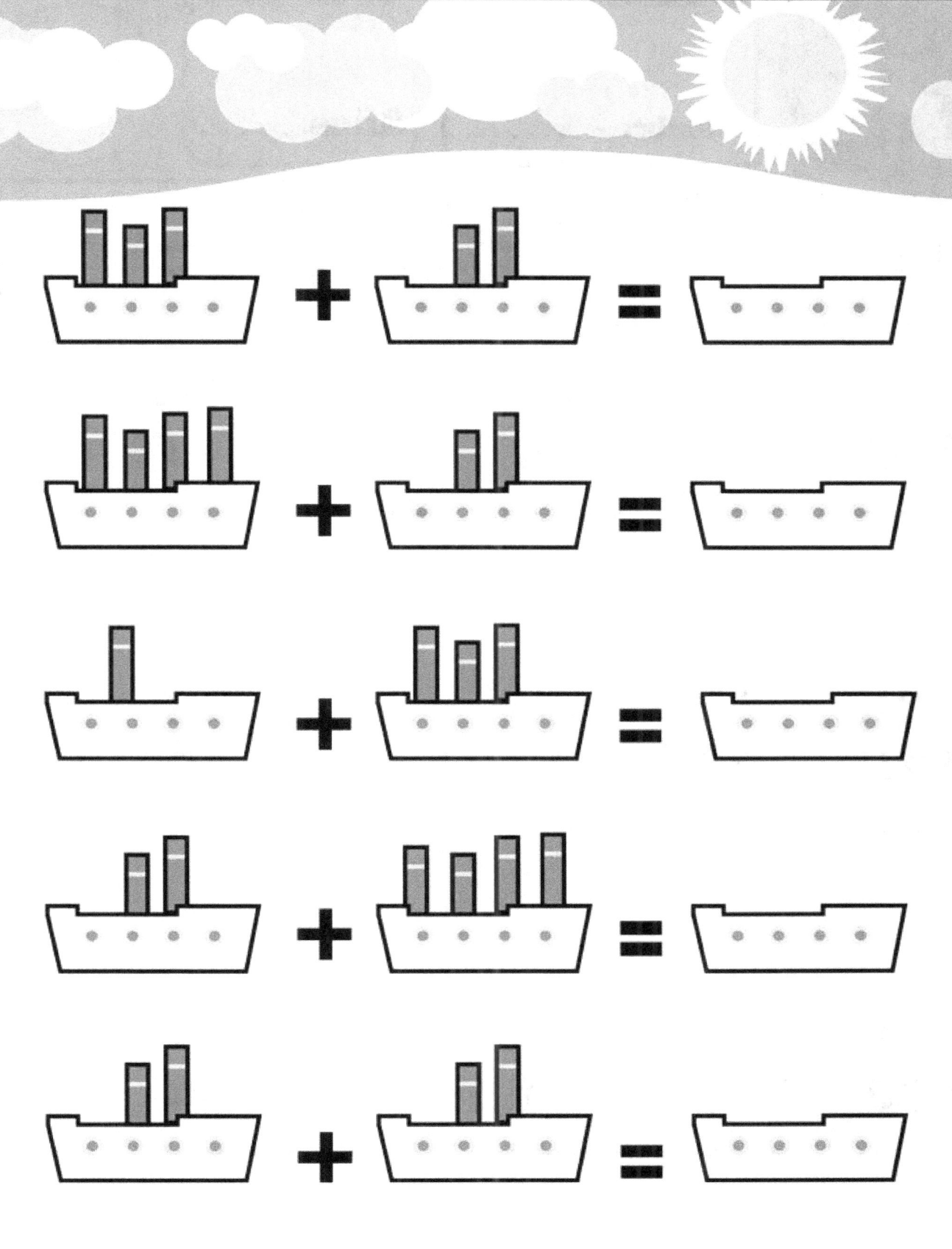

16

Nombre: .... **Años:** ...... **Punto...... /18**

Hora: ....

🍓 + 🍓 = ...

46 +61	10 +35	54 +34	63 +25	65 +16	30 +02

25 +95	36 +20	85 +32	25 +14	56 +19	63 +50

88 +63	14 +39	42 +61	65 +96	36 +54	54 +38

17

Nombre: ....

Años: ......

Punto...... /18

Hora: ....

🍓 + 🍓 = ...

$$+\begin{array}{r}90\\53\end{array}$$ $$+\begin{array}{r}39\\23\end{array}$$ $$+\begin{array}{r}60\\20\end{array}$$ $$+\begin{array}{r}37\\52\end{array}$$ $$+\begin{array}{r}51\\60\end{array}$$ $$+\begin{array}{r}31\\43\end{array}$$

$$+\begin{array}{r}39\\35\\\hline 33\end{array}$$ $$+\begin{array}{r}64\\50\end{array}$$ $$+\begin{array}{r}70\\53\end{array}$$ $$+\begin{array}{r}63\\94\end{array}$$ $$+\begin{array}{r}56\\83\end{array}$$ $$+\begin{array}{r}81\\\end{array}$$

$$+\begin{array}{r}53\\\hline 25\end{array}$$ $$+\begin{array}{r}40\\\hline 74\end{array}$$ $$+\begin{array}{r}61\\\hline 38\end{array}$$ $$+\begin{array}{r}55\\\hline 42\end{array}$$ $$+\begin{array}{r}75\\\hline 36\end{array}$$ $$+\begin{array}{r}63\\\hline 20\end{array}$$

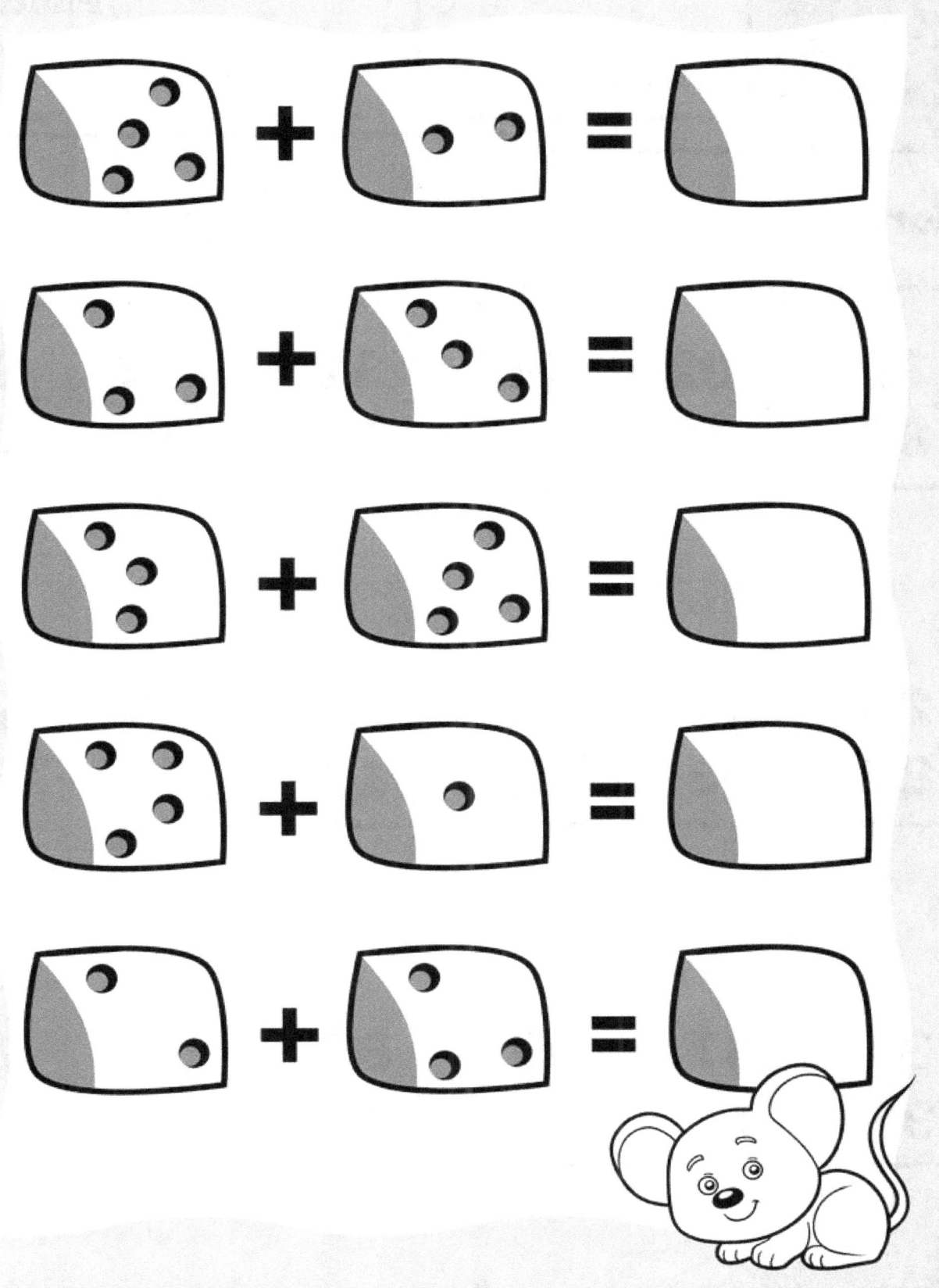

18

Nombre:.......... Años:...... Punto....../18

Hora:............ 🍓 + 🍓 = ...

| +35 | +02 | +50 | +31 | +25 | +97 |
| 88 | 10 | 92 | 63 | 40 | 20 |

| +25 | 30 | +85 | +54 | 96 | 24 |
| 84 | +05 | 62 | 11 | +45 | +36 |

| 31 | 47 | 55 | 87 | 54 | 25 |
| +98 | +14 | +44 | +19 | +25 | +97 |

19

Nombre: .... Años: ...... Punto...... /18

Hora: .... 🍓 + 🍓 = ...

| +21
30 | +32
11 | +65
90 | +38
63 | +47
50 | +28
33 |

| +28
95 | +15
82 | +54
61 | +68
14 | +24
20 | +64
65 |

| 82
+01 | 30
+41 | 24
+51 | 64
+93 | 54
+21 | 39
+12 |

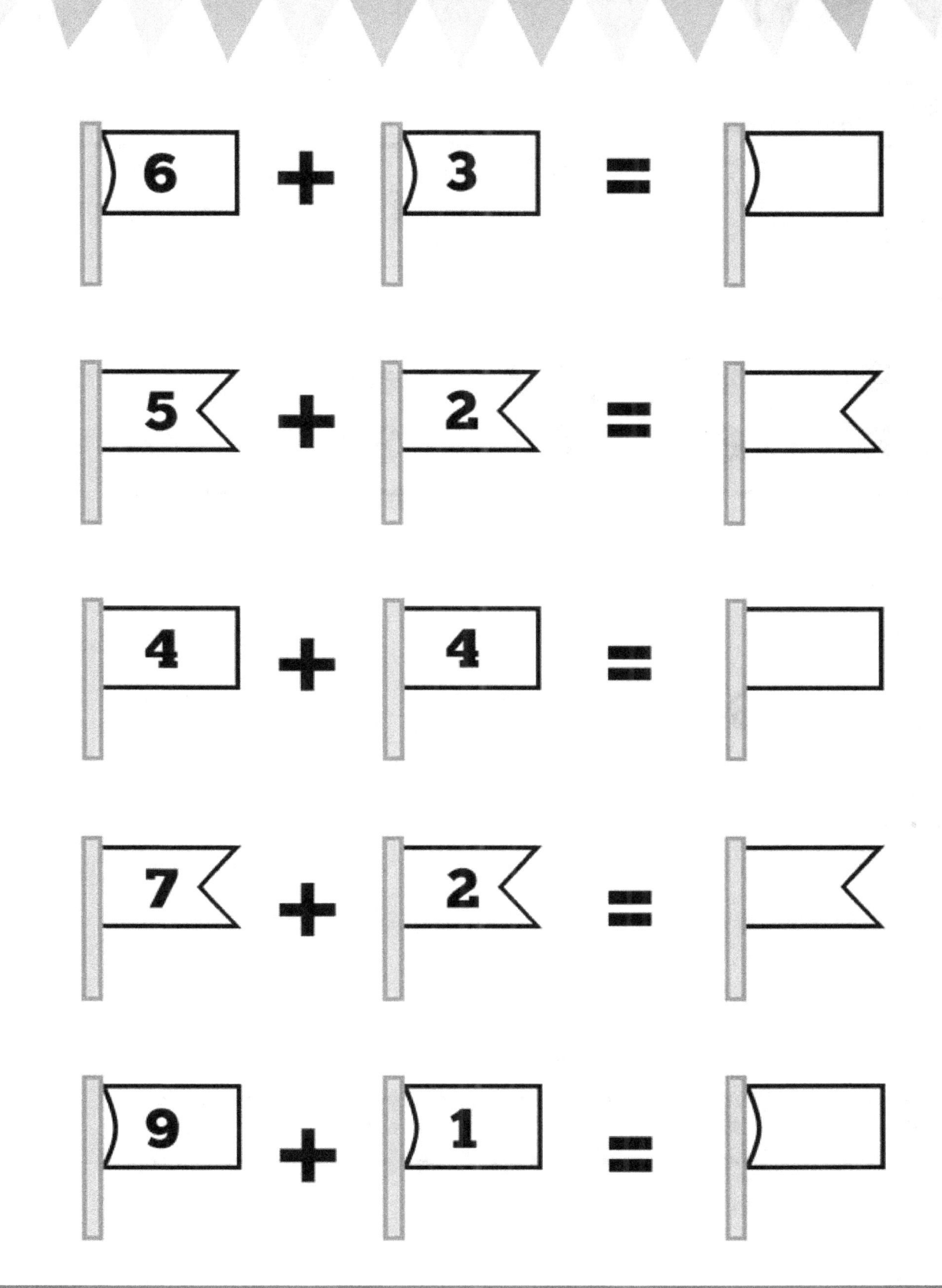

20

Nombre: ....

Años: .....

Punto...... /18

Hora: ....

🍓 + 🍓 = ...

+82 66	+20 65	+47 07	+80 91	+74 14	+54 22

+54 20	+36 52	+77 11	+25 84	+17 35	+86 60

+23 65	+38 21	+63 14	+70 32	+85 45	+25 74

21

Nombre: .... **Años:** ...... **Punto...... /18**

Hora: ....

🍓 + 🍓 = ...

- 6	- 5	- 9	- 8	- 5	- 9
3	1	2	4	3	3

- 6	- 8	- 4	- 3	- 7	- 6
4	2	4	2	1	5

- 9	- 4	- 5	- 6	- 8	- 3
8	0	2	5	5	1

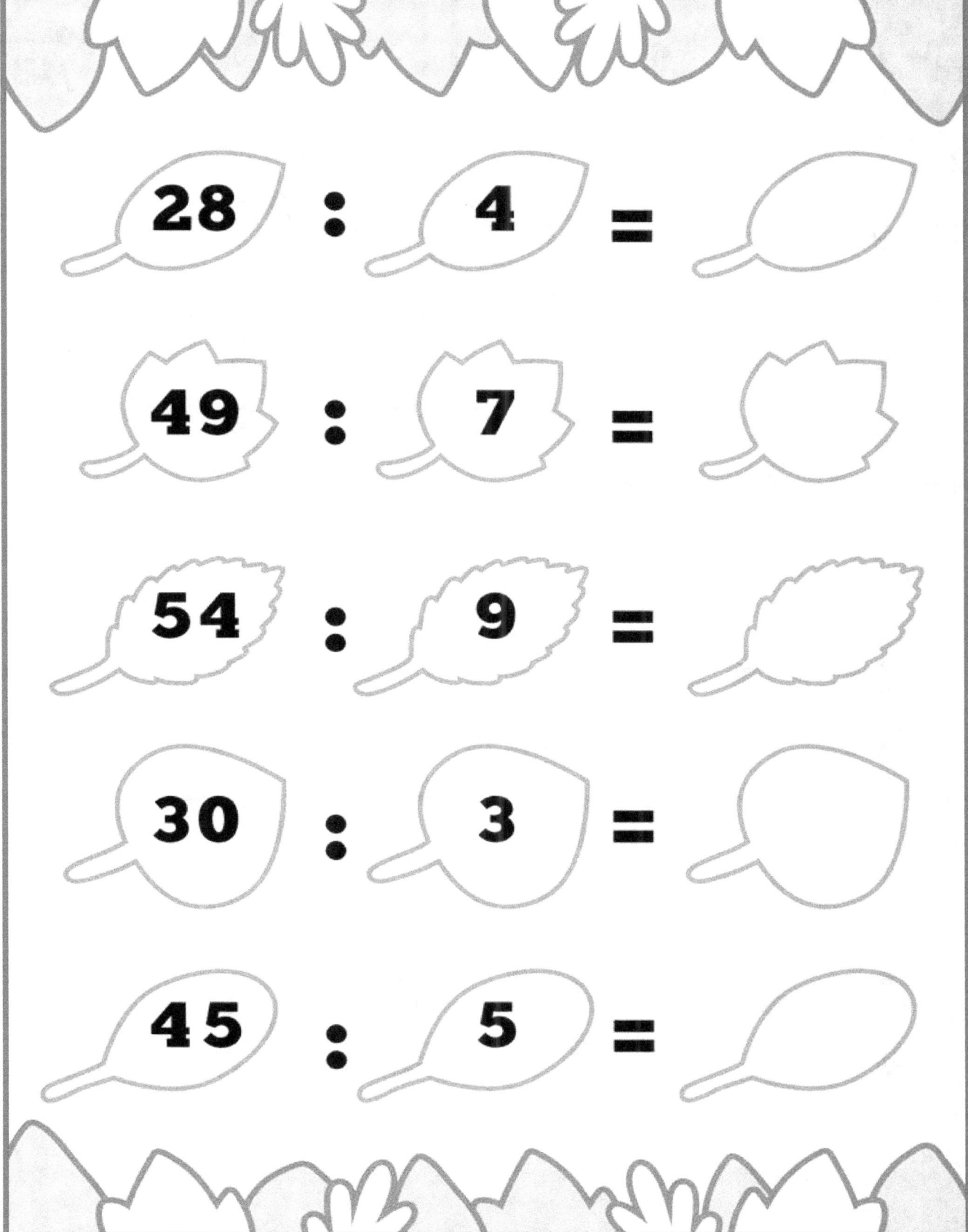

22

Nombre:..........
Años:.......
Punto...... /18
Hora:.............

🍓 + 🍓 = ...

```
  4      6      8      7      9      2
- 2    - 2    - 7    - 5    - 9    - 1
___    ___    ___    ___    ___    ___


  3      4      8      7      6      5
- 3    - 0    - 6    - 3    - 4    - 2
___    ___    ___    ___    ___    ___


  9      4      7      6      9      5
- 4    - 4    - 2    - 1    - 4    - 4
___    ___    ___    ___    ___    ___
```

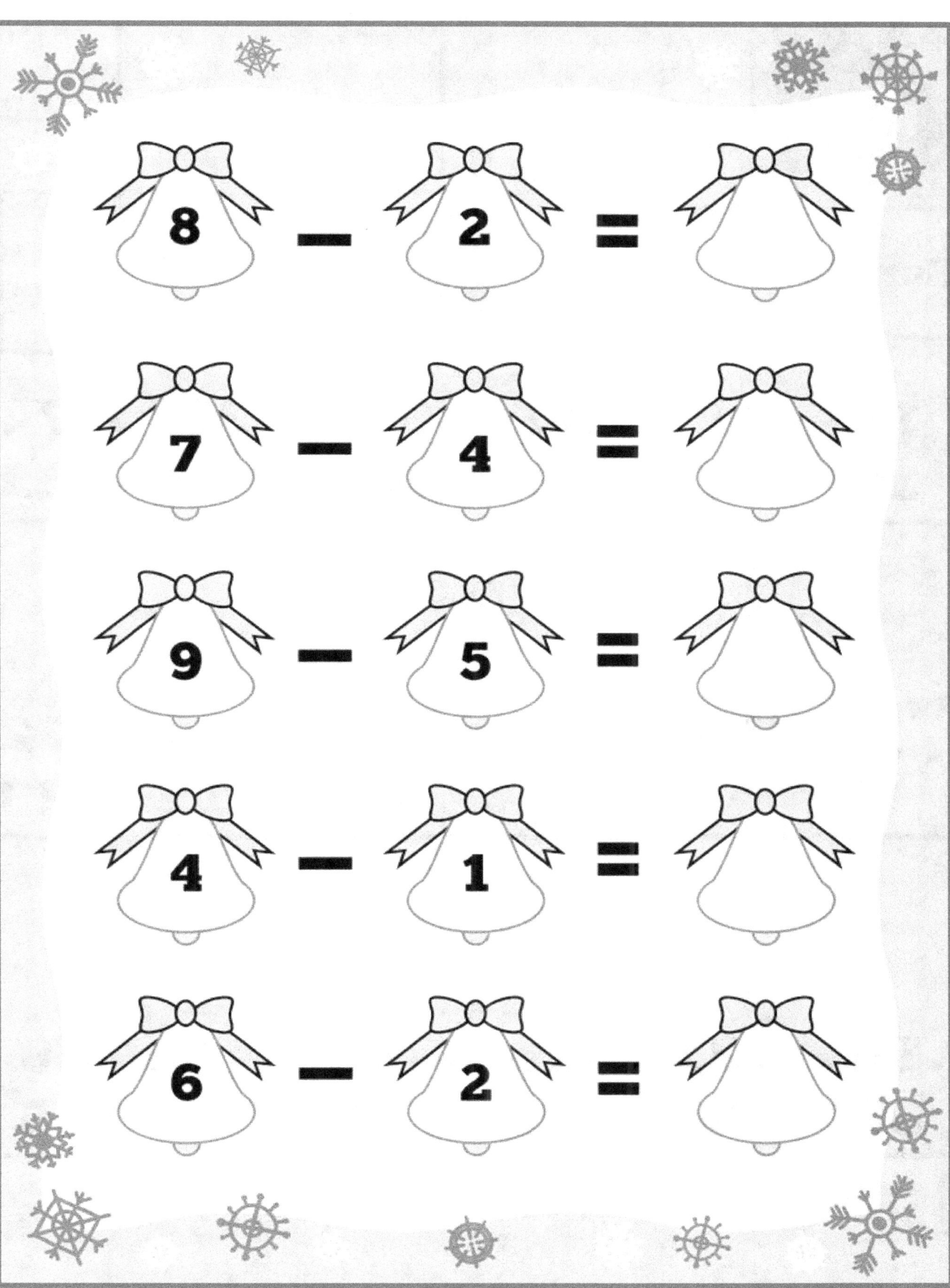

23

Nombre: .... **Años:** ...... **Punto**...... /18

Hora: ....

🍓 + 🍓 = ...

- 17	- 54	- 36	- 92	- 39	- 74
15	42	28	10	18	52

- 27	- 54	- 41	- 85	- 34	- 72
15	46	36	29	11	23

- 56	- 21	- 11	- 50	- 30	- 9
02	20	03	41	13	5

24

Nombre: .... **Años:** ..... **Punto...... /18**

Hora: ....   🍓 + 🍓 = ...

```
 17      21      25      25      14      12
-22     -11     -03     -63     -67     -32
───     ───     ───     ───     ───     ───


 24      45      90      39      80      65
-23     -36     -24     -33     -38     -32
───     ───     ───     ───     ───     ───


 65      47      78      41      68      65
-25     -20     -15     -40     -19     -02
───     ───     ───     ───     ───     ───
```

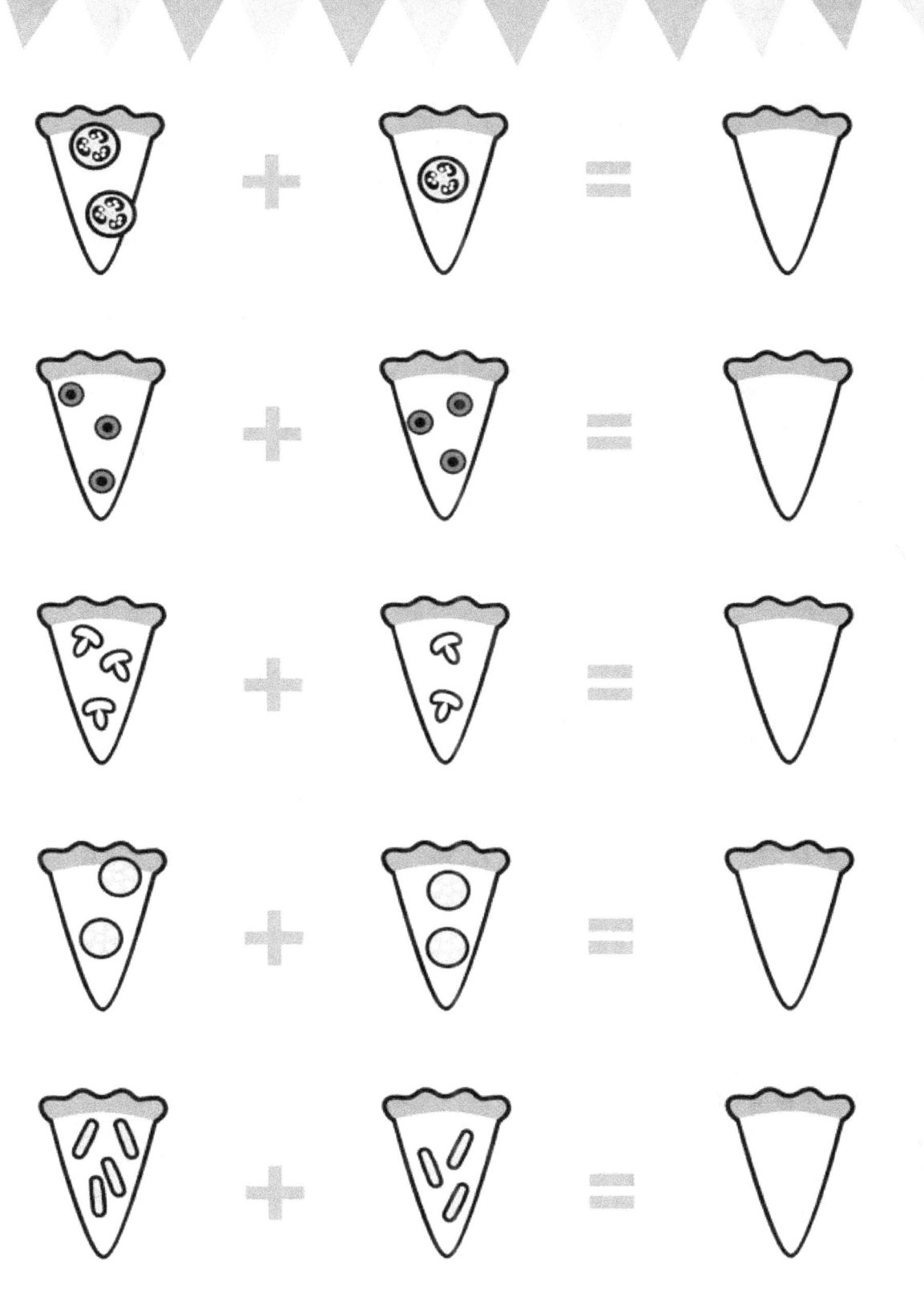

25

Nombre:.......... Años:...... Punto....../18

Hora:.............. 🍓 + 🍓 = ...

74	22	63	65	77	47
-58	-11	-52	-32	-35	-32

-41	-11	-80	-25	-33	-50
22	10	24	24	19	49

-28	-72	-84	-87	-53	-65
25	41	65	22	39	52

26

Nombre: .... **Años:** ...... **Punto...... /18**

Hora: ....

85	50	93	78	14	58
-65	-36	-47	-52	-08	-32

-18	-52	-33	-74	-48	-94
02	25	21	26	36	41

-21	-54	-82	-47	-91	-54
05	21	37	28	36	32

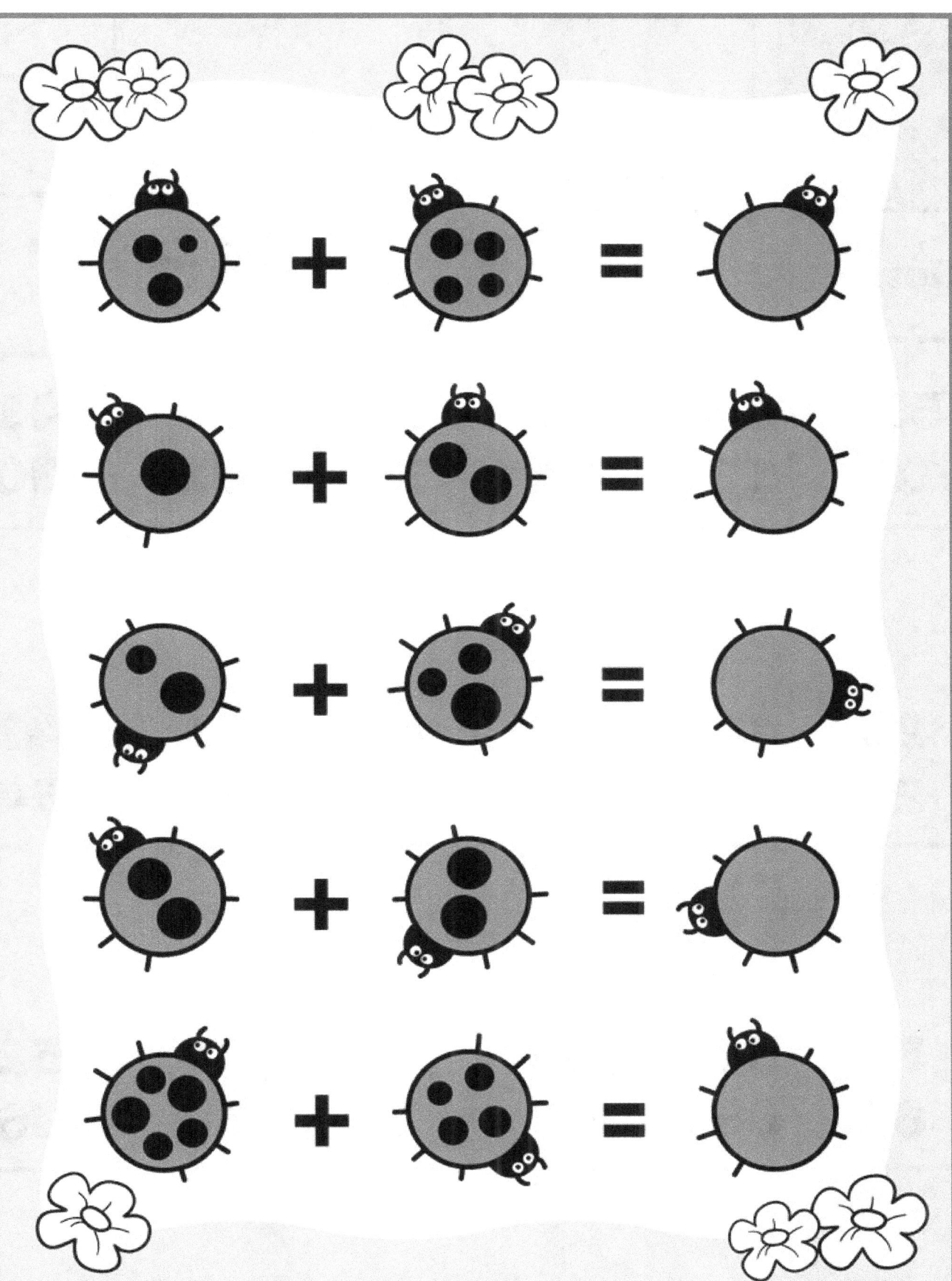

27

Nombre: .... **Años:** ...... **Punto...... /18**

Hora: ....

🍓 + 🍓 = ...

53	54	58	37	53	41
-16	-17	-32	-39	-02	-30

-25	-44	-63	-82	-31	-47
22	80	44	14	31	54

-54	-51	-34	-01	-74	-52
61	05	52	31	54	36

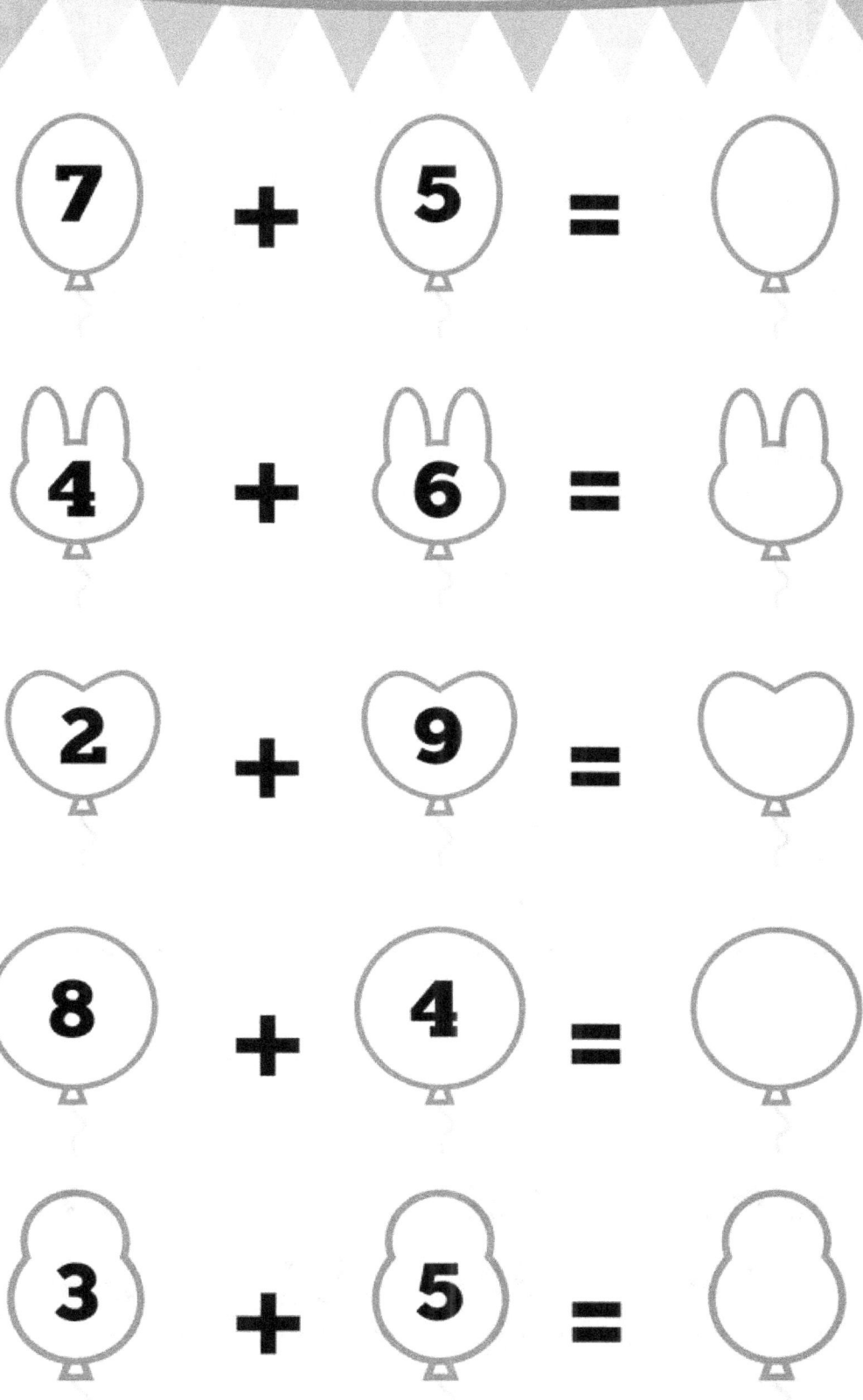

37	14	65	25	39	32
-70	-24	-11	-36	-50	-36

.11	.51	.14	.62	.74	.25
33	02	24	22	41	36

.52	.02	.35	.36	.41	.11
92	12	25	52	30	02

29

Nombre: .... **Años:** ...... **Punto......** /18

Hora: ....

🍓 + 🍓 = ...

65	58	28	27	54	65
51	28	68	25	65	20

28	30	92	42	37	14
24	02	81	50	36	31

-28	-38	-41	-72	-58	-24
21	74	62	84	11	18

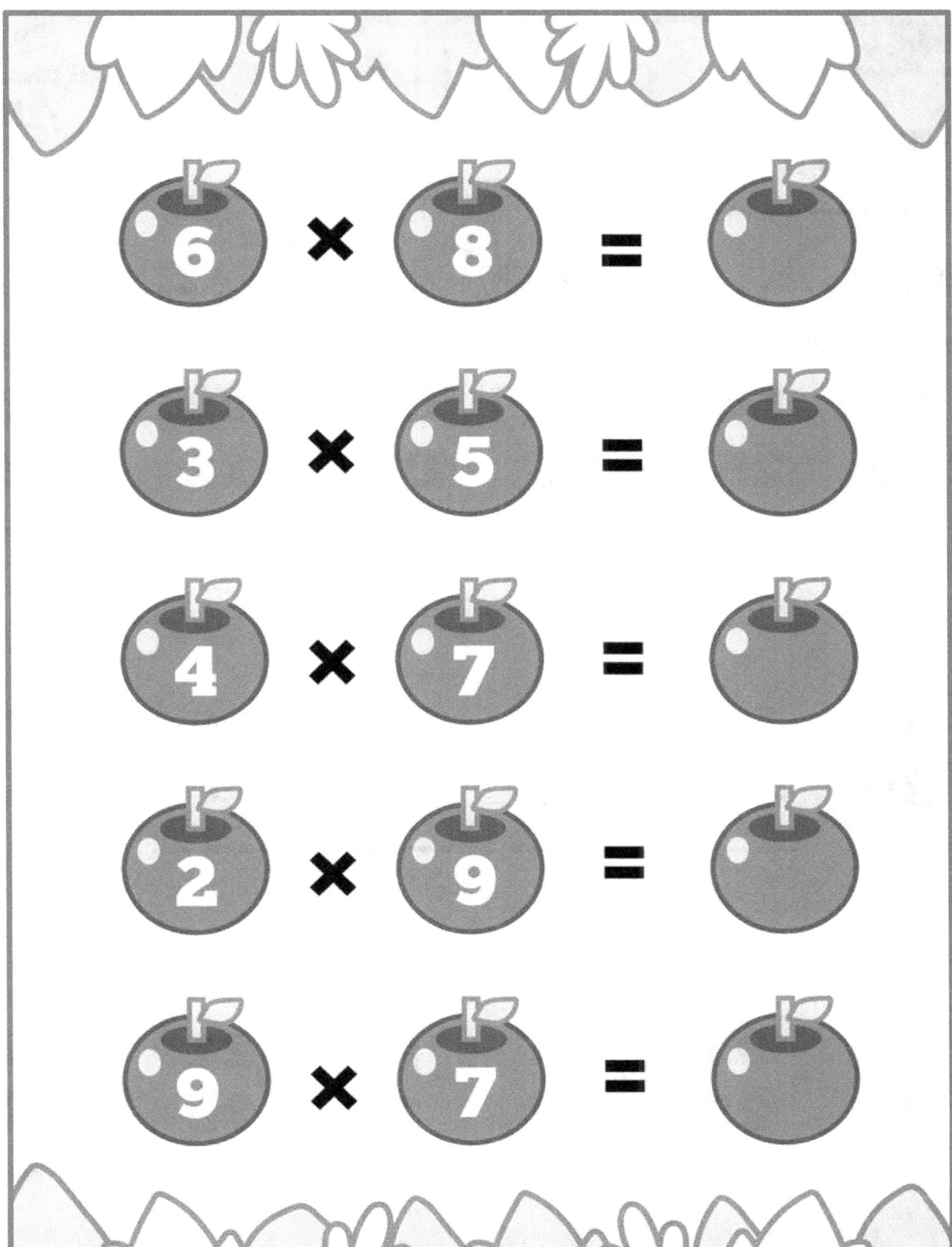

30

Nombre: .... **Años:** ...... **Punto...... /18**

Hora: .... 🍓 + 🍓 = ...

41	54	36	51	23	42
-38	-25	-25	-03	-11	-02

45	71	65	26	10	69
-25	-45	-14	-96	-30	-25

-24	-03	-74	-42	-21	-36
25	25	10	25	25	95

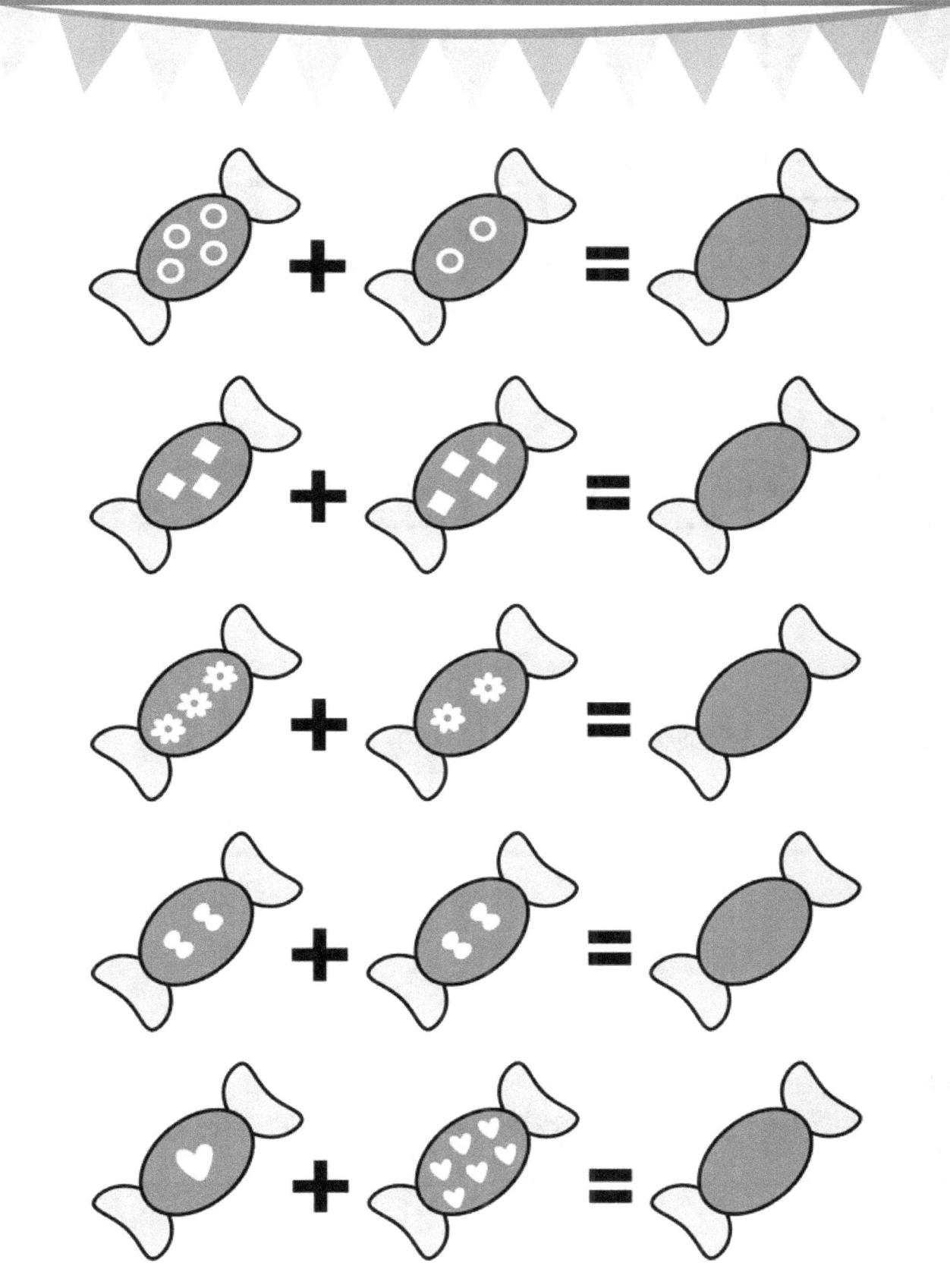

31

Nombre: .... **Años:** ...... Punto...... /18

Hora: ....

🍓 + 🍓 = ...

| - 44 | - 36 | - 74 | - 52 | - 25 | - 32 |
| 24 | 25 | 30 | 36 | 93 | 21 |

| - 22 | - 17 | - 47 | - 12 | - 02 | - 65 |
| 36 | 23 | 32 | 65 | 36 | 21 |

| - 21 | - 69 | - 47 | - 54 | - 41 | - 41 |
| 32 | 87 | 14 | 25 | 98 | 20 |

32

Nombre: .... **Años:** ...... **Punto...... /18**

Hora: .... 🍓 + 🍓 = ...

22	31	74	63	41	41
- 33	- 57	- 25	- 12	- 50	- 40

. 32	. 70	. 92	. 70	. 50	. 41
02	16	30	32	32	52

. 32	. 11	. 75	. 19	. 54	. 52
32	37	26	25	41	36

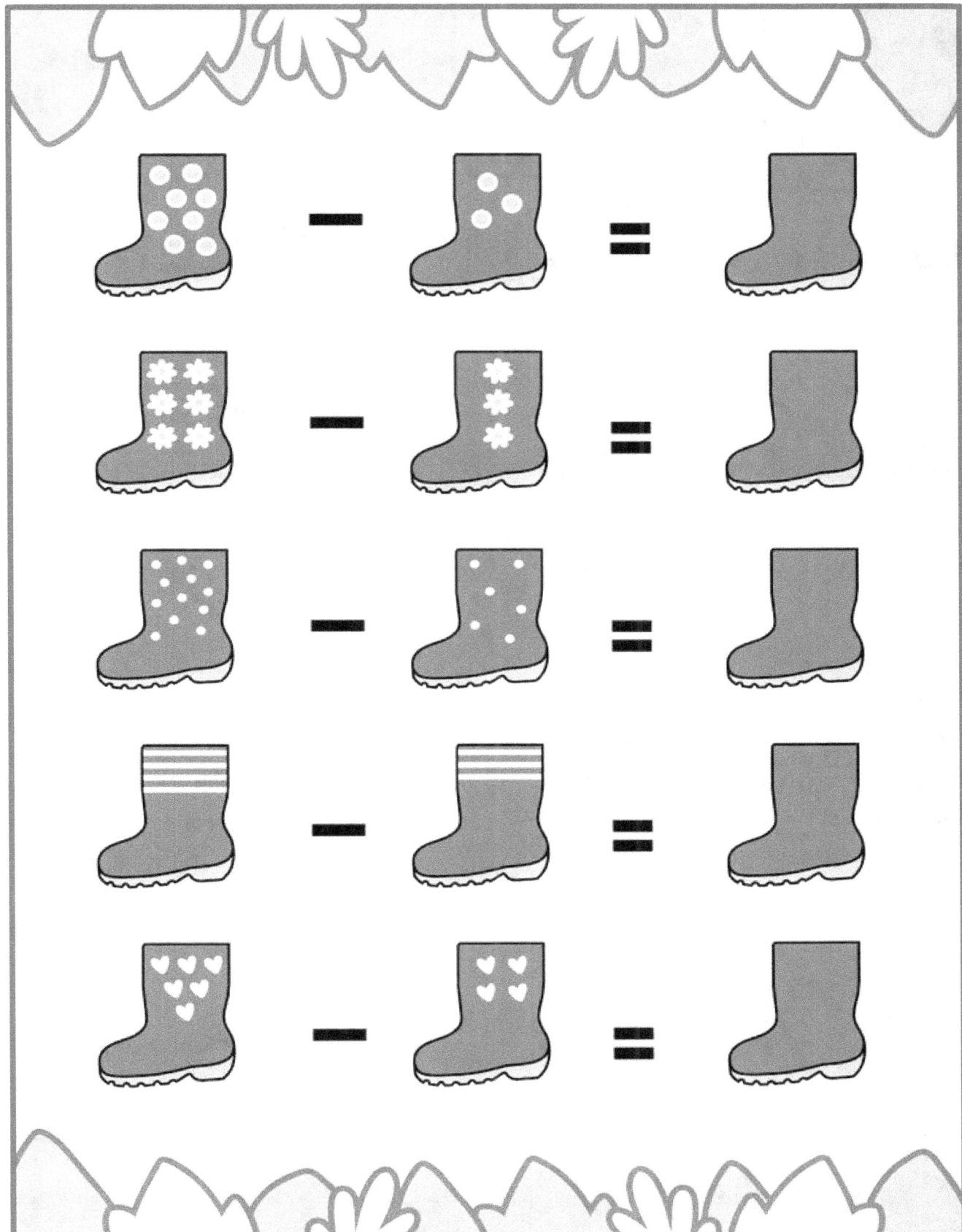

33

Nombre: .... **Años:** ...... **Punto ..... /18**

Hora: ....

🍓 + 🍓 = ...

70	25	84	25	14	28
-39	-14	-63	-62	-11	-36

.32	.29	.50	.54	.74	.60
21	03	22	36	60	52

.52	.44	.91	.37	.14	.17
36	33	31	44	77	69

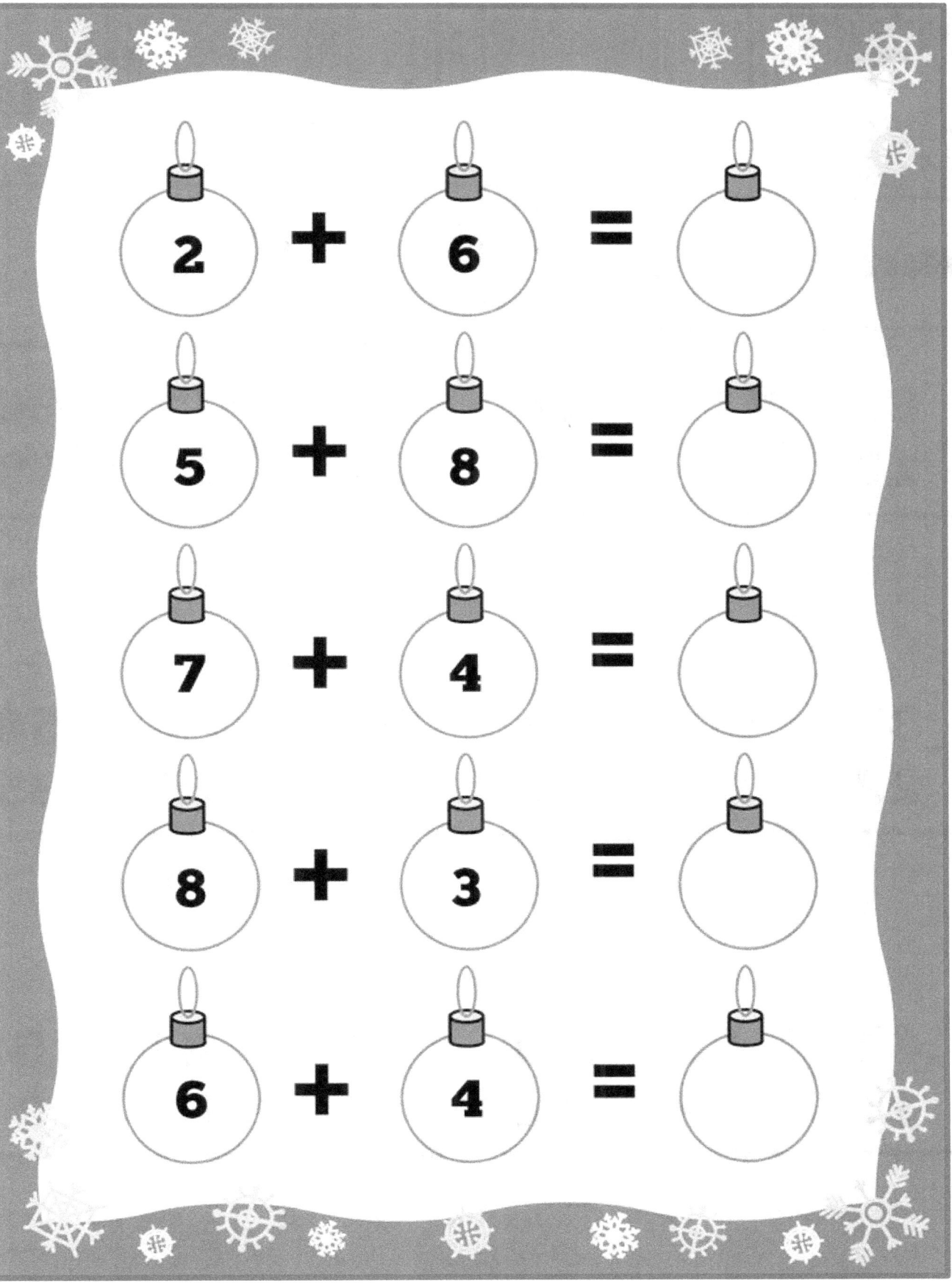

34

Nombre:.......... Años:....... Punto....../18

Hora:.............. 🍓 + 🍓 = ...

61	51	57	41	40	60
-18	-36	-11	-64	-50	-40

32	46	52	65	71	54
-23	-14	-33	-32	-25	-35

45	25	11	32	41	5
-11	-02	-20	-33	-55	-9

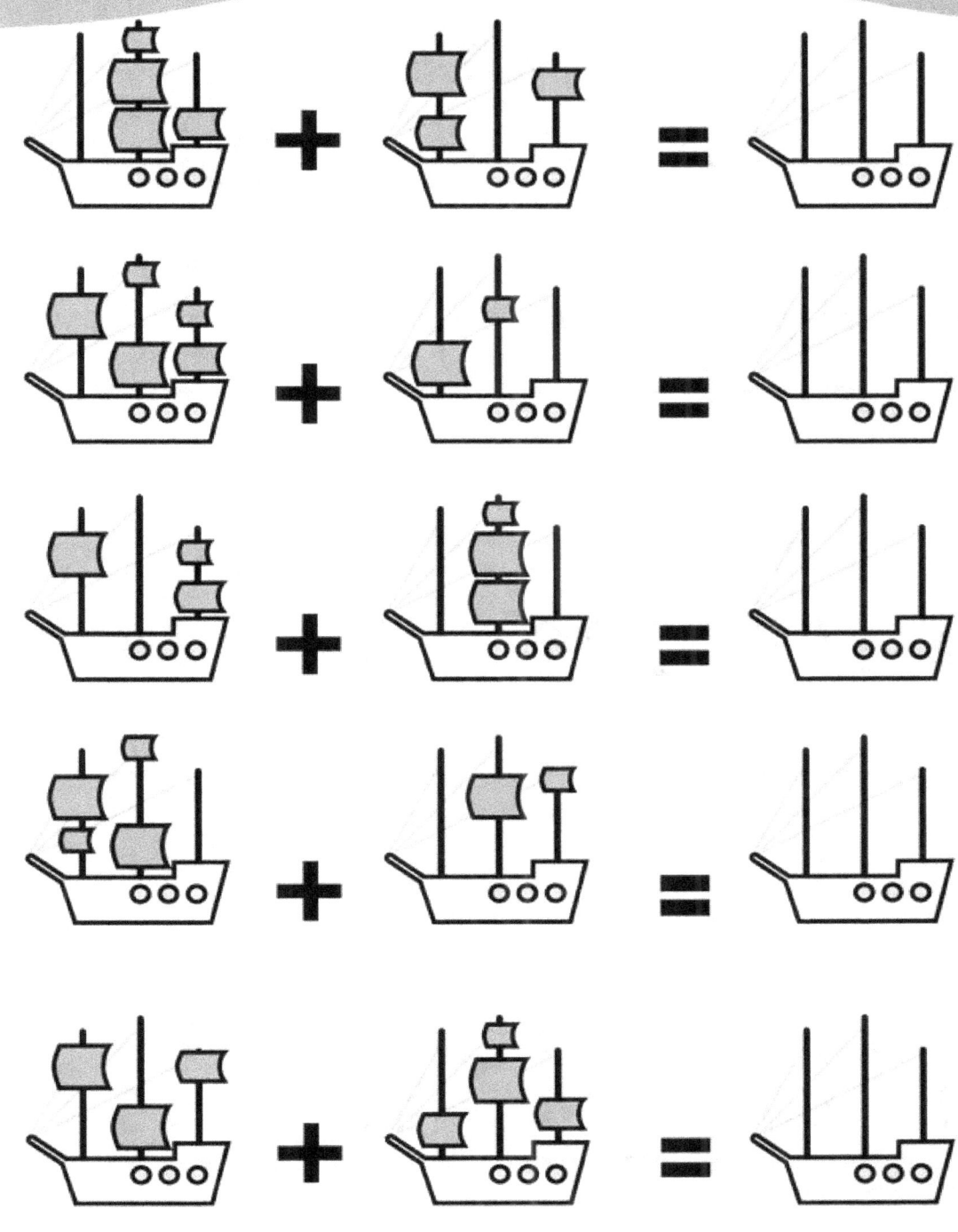

35

Nombre: .... Años: ..... Punto...... /18

Hora: .... 🍓 + 🍓 = ...

- 60	- 31	- 73	- 41	- 45	- 65
53	52	90	32	14	09

- 41	- 52	- 25	- 52	- 74	- 50
21	74	54	23	91	20

- 25	- 47	- 76	- 54	- 58	- 14
12	08	14	19	28	37

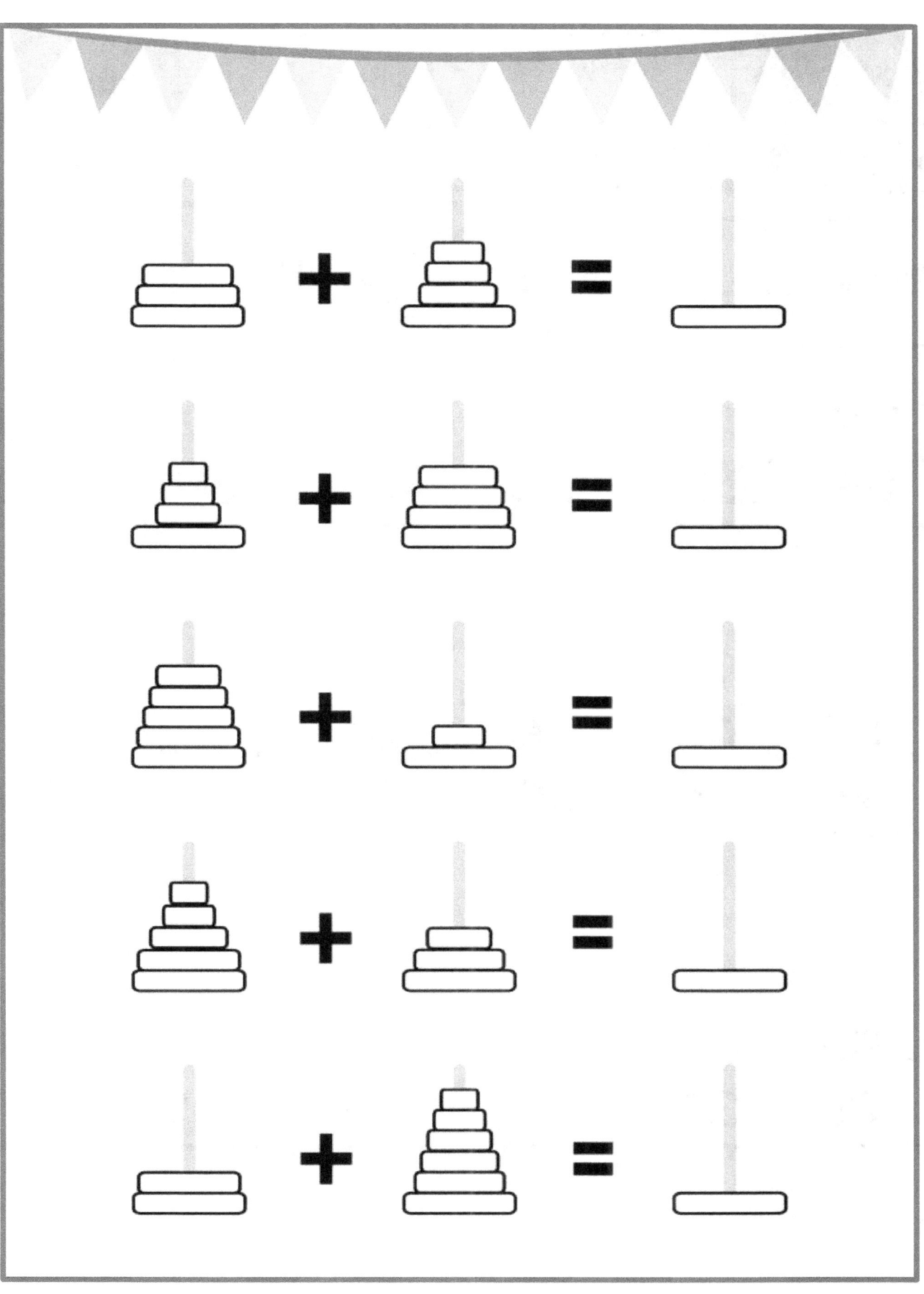

36

Nombre: .... **Años:** ...... **Punto......./18**

Hora: ....

🍓 + 🍓 = ...

- 73	- 47	- 47	- 84	- 52	- 49
21	25	36	63	36	32

- 58	- 46	- 15	- 85	- 52	- 47
25	45	36	17	68	36

- 58	- 69	- 54	- 75	- 41	- 64
28	34	19	46	03	57

37

Nombre: .... **Años:** ...... **Punto...... /18**

Hora: ....   🍓 + 🍓 = ...

24	39	49	71	54	62
-38	-77	-60	-69	-31	-25

.61	.65	.74	.78	.47	.91
38	85	01	25	41	36

.61	.06	.84	.62	.65	.36
05	15	40	05	58	62

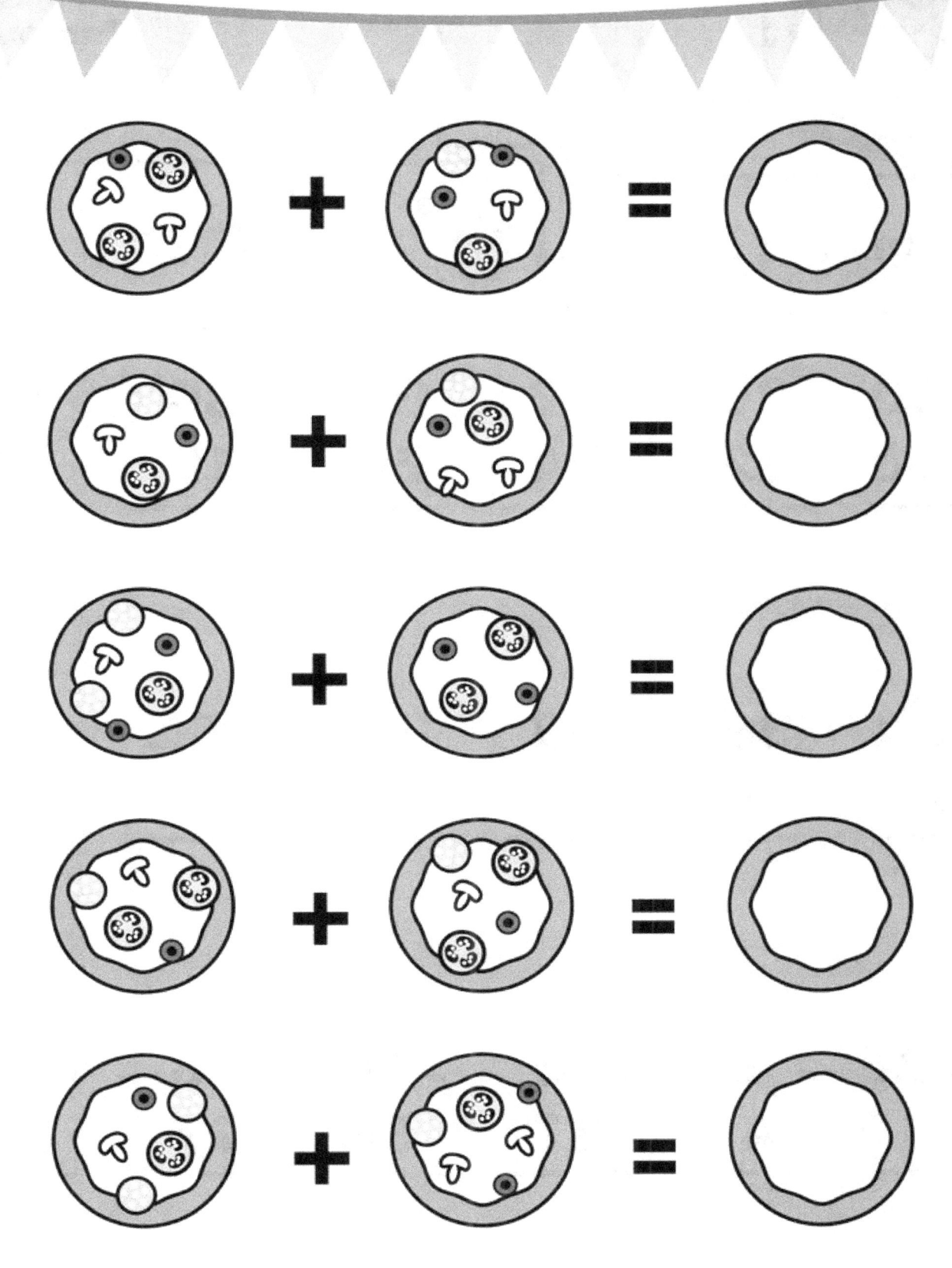

38

Nombre: .... **Años:** ...... **Punto...... /18**

Hora: ....

🍓 + 🍓 = ...

- 30	- 25	- 32	- 94	- 80	- 61
50	12	54	25	12	32

- 24	- 39	- 58	- 58	- 91	- 81
28	30	74	18	35	36

- 28	- 25	- 36	- 48	- 78	- 31
14	41	37	56	27	36

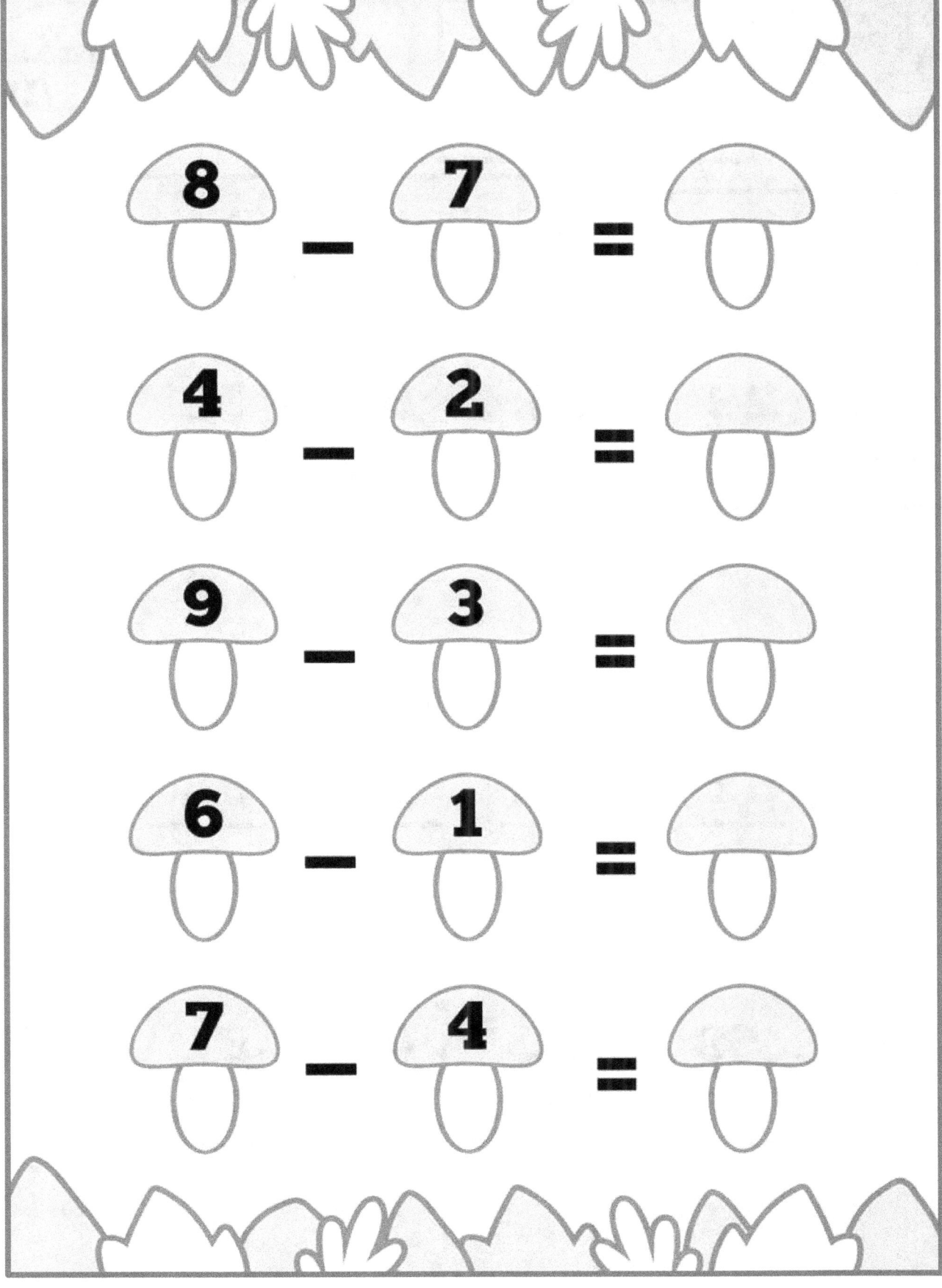

39

Nombre: .... **Años:** ...... **Punto....../18**

Hora: ....   🍓 + 🍓 = ...

| 11 | 28 | 79 | 58 | 36 | 58 |
| -41 | -58 | -58 | -25 | -71 | -02 |

| 54 | 47 | 05 | 87 | 14 | 28 |
| -14 | -51 | -08 | -27 | -38 | -36 |

| -24 | -58 | -21 | -47 | -81 | -25 |
| 25 | 18 | 28 | 39 | 28 | 45 |

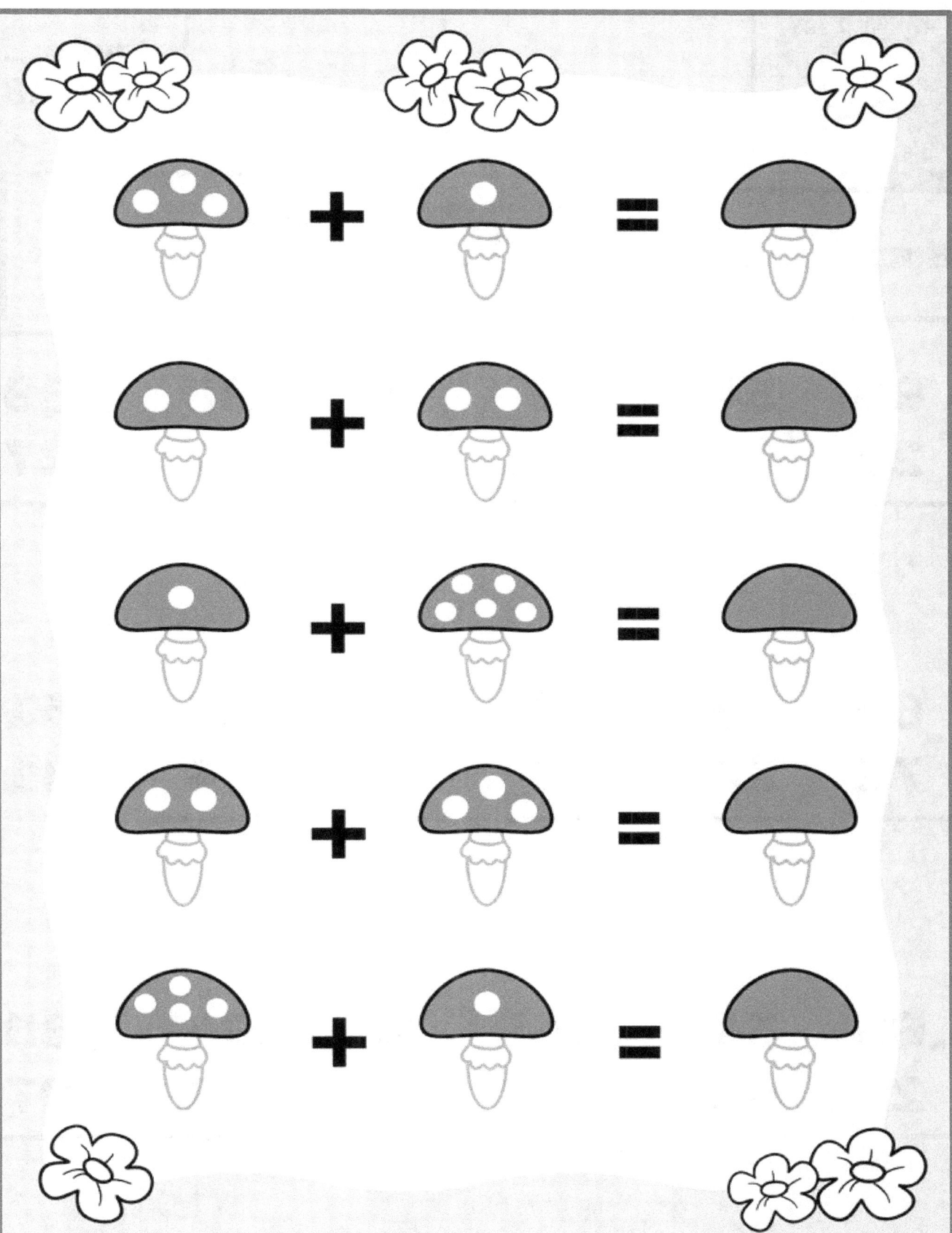

40

Nombre: ....
Años: ......
Punto...... /18

Hora: ....
🍓 + 🍓 = ...

93	54	63	31	38	39
-25	-25	-24	-71	-12	-27

-62	-25	-54	-58	-24	-51
76	23	25	81	24	41

-65	-54	-84	-25	-64	-35
20	41	54	29	82	27